監修のことば (敬称略)

㈲アグリテック代表取締役社長
中田　浩康
（Ⅰ部「受け入れ編」監修・執筆）

なかだ　ひろやす　東京農業大学卒業。1997年(社)農山漁村文化協会入り。2001年から北海道を拠点にフリーの農村ライターとして活動。03年のアグリテック設立と同時に入社。修学旅行の農業体験受け入れの他、体験プログラムの企画・運営、地域と観光客をつなぐコーディネートなどを行う。地域力創造アドバイザー（総務省）。2012年から現職。1975年栃木県生まれ。

「農業体験受け入れは生産活動の一部」と話す農家がいます。農業や農村の理解を深める場として、また将来「農家になりたい」と思えるような魅力を農家自身が発信することが必要ともいいます。食べ物や農業は大切—と分かっていても、身近に農家や農村がない環境が増え、農業をイメージしづらくなる中、理解を深める活動はあえてやるべきことなのかもしれません。

一方、体験の取り組みは多様で、Ⅰ部の構成に悩みました。これまで当社で受け入れてきた事例や、実際に受け入れをしている農家、また各受け入れ協議会や関係団体の活動や意見を参考に、「農家が取り組みやすい」という視点で執筆しました。これから農業体験に取り組もうと考えている農家、実際に受け入れを行っている方の参考になれば幸いです。

最後に企画・編集に尽力いただきました編集部の皆さまにお礼申し上げます。

㈲アグリテック（東川町）
地域資源を活用したグリーン・ツーリズムをはじめ、着地型観光による「観光まちづくり」を通し、交流人口増加による地域活性化を手伝う会社。＜主な事業内容＞体験観光企画／教育旅行企画／手配・調整システムの企画／観光コーディネート／観光マネジメント・コンサルタント／通販／体験農園運営／イベント企画／ほか地域活性化に関わる企画

㈱いただきますカンパニー代表取締役
井田　芙美子
（Ⅱ部「伝え方編」監修・執筆）

いだ　ふみこ　帯広畜産大学卒業後、10年間観光業に携わり、帯広市で2012年いただきますカンパニー設立。13年株式会社化。14年小学校へ出前授業を開始。農村ツーリズムコンサルタント。1980年札幌市生まれ、2児の母。

いただきますカンパニーは、2012年に農業専門のガイド業としてスタートしました。農業を知れば知るほど農繁期の生産者に農業体験の重要性は分かっていても、受け入れをお願いするのは申し訳なく、「それなら地域の人間が受け入れる仕組みをつくればいい」と思ったからです。また生産者にせっかく案内していただいても、農業用語が難しく、一般の方に内容が十分伝わりにくい、という課題もありました。

生産者の人柄や熱意が伝わり、農業体験には満足していただけます。しかし、お互い貴重な時間を取るのであればきちんと理解し合いたいもの。私たち畑ガイドは、農業や生産者の思いを分かりやすく伝える「翻訳者」として仕事をしてきました。今回はそのノウハウを整理し、伝える機会をいただき感謝しています。

生産者が農業体験の受け入れなど全てを担う必要はありません。しかし畑を訪れた人の暮らす環境や気持ちを思いやることは日々の生産活動にも生きるはずです。畑から食べる人を、食卓からつくり手を思い浮かべることができる社会づくりに貢献したいと思い執筆しました。食育活動での学校訪問、農業体験受け入れで、ご活用いただければ幸いです。

道総研農業研究本部企画調整部長
安積　大治
（Ⅲ部「道内主要農産物」監修）

あさか　だいじ　東京農工大学大学院修了。1987年道立中央農業試験場（現道総研中央農業試験場）入り。衛星リモートセンシングやGISを活用して、農地の生産特性や作物の生育状況を広域に把握・評価する手法の研究に取り組む。2018年から現職。1961年神奈川県生まれ。

　豊かな自然環境に恵まれた北海道では水田や畑作、園芸、酪農など多様な農業が展開され、いろいろな農業体験を楽しむことができます。いま学校教育や社会教育における体験学習の場として、農業を活用する動きが広がっています。また旅行者に農村での生活を体験し農村地域の人々との交流を楽しんでもらったり、農村の魅力を味わってもらったりする「農泊」の取り組みも進んでいます。

　農家が農業体験を受け入れるに当たっては、さまざまな苦労や負担がありますが、分かりやすい教材が少ないこともその1つに挙げられます。Ⅲ部では北海道の主要農産物14品目について、新品種や栽培技術の開発に取り組む農業試験場の研究者が品種や特徴、栽培の流れ、主な産地や生産量、栄養成分などを写真やイラストと共に紹介しています。農業を知らない人にも分かりやすい内容となっていますので、生産者の方々が、農業体験で訪れた小・中学生に説明する際の資料として活用できます。

　さらに、現在、農業試験場で取り組んでいる研究についても簡単に触れていますので、小・中学生が北海道の農業、農作物への関心を持つきっかけになることを期待します。

Ⅲ部　執筆者一覧（敬称略）

【　水　稲　】	木下　雅文	道総研中央農業試験場生産研究部水田農業グループ主査（水稲育種）
【　小　麦　】	大西　志全	道総研北見農業試験場研究部麦類グループ主査（育種）
【　大　豆　】	鴻坂扶美子	道総研十勝農業試験場研究部大豆グループ主査（大豆）
【　小　豆　】	奥山　昌隆	道総研十勝農業試験場研究部小豆菜豆グループ主査（小豆菜豆）
【いんげん豆】	齋藤　優介	道総研十勝農業試験場研究部小豆菜豆グループ研究主任
【馬鈴しょ】	大波　正寿	道総研北見農業試験場研究部作物育種グループ主査（馬鈴しょ）
【てん菜】	池谷　聡	道総研北見農業試験場研究部地域技術グループ研究主査
【にんじん】	田縁　勝洋	道総研十勝農業試験場研究部地域技術グループ主査（畑作園芸）
【たまねぎ】	杉山　裕	道総研北見農業試験場研究部地域技術グループ研究主任
【かぼちゃ】	江原　清	道総研花・野菜技術センター研究部花き野菜グループ研究主任
【トマト】	大久保進一	道総研花・野菜技術センター研究部花き野菜グループ主査（施設）
【牧　草】	牧野　司	道総研酪農試験場※草地研究部飼料環境グループ主査（作物）
【飼料用トウモロコシ】	出口健三郎	道総研畜産試験場基盤研究部飼料環境グループ研究主幹
【生　乳】	谷川　珠子	道総研酪農試験場※酪農研究部乳牛グループ主査（飼養）

※2018年7月1日に根釧農業試験場から改称

目次 CONTENTS

2018 SUMMER ニューカントリー

監修のことば……………………………………………………4
Ⅲ部執筆者一覧…………………………………………………5

Ⅰ部　受け入れ編

Q1　農業体験の受け入れのタイプについて教えてください。………8
Q2　どのような作業や体験を提供したらいいですか。……………13
Q3　子どもや大人、外国人など対象別の受け入れのポイントは？……15
Q4　受け入れをする際に準備する物を教えてください。……………21
Q5　体験交流する際、どう進めたらいいですか。……………………23
Q6　安全管理について教えてください。………………………………25
Q7　農家民宿を始めるにはどうしたらいいですか。…………………28
Q8　地域や関係者とどう連携していったらいいですか。……………31

Ⅱ部　伝え方編

Q1　どんな人が農業体験を求めていますか。…………………………36
Q2　伝え方の基本について教えてください。…………………………38
Q3　年齢別の伝え方のポイントを教えてください。…………………42
Q4　人気の体験メニューを教えてください。…………………………44
Q5　農業用語をどう伝えたらいいですか。……………………………50

Ⅲ部　道内主要農産物

①水　稲……………60
②小　麦……………62
③大　豆……………64
④小　豆……………66
⑤いんげん豆………68
⑥馬鈴しょ…………70
⑦てん菜……………72
⑧にんじん…………74
⑨たまねぎ…………76
⑩かぼちゃ…………78
⑪トマト……………80
⑫牧　草……………82
⑬飼料用トウモロコシ………84
⑭生　乳……………86

表紙：安達　明代（㈱福田デザイン）

Ⅰ部
受け入れ編

- Q1 農業体験の受け入れのタイプについて教えてください。……… 8
- Q2 どのような作業や体験を提供したらいいですか。……………13
- Q3 子どもや大人、外国人など対象別の受け入れのポイントは？…15
- Q4 受け入れをする際に準備する物を教えてください。……………21
- Q5 体験交流する際、どう進めたらいいですか。……………………23
- Q6 安全管理について教えてください。……………………………25
- Q7 農家民宿を始めるにはどうしたらいいですか。…………………28
- Q8 地域や関係者とどう連携していったらいいですか。……………31

（監修・執筆／㈲アグリテック代表取締役社長　中田　浩康）

Q1 農業体験の受け入れのタイプについて教えてください。

収穫やわら細工づくりなどを体験する「特定体験タイプ」、農家で農村生活を共に送る「生活体験タイプ」、市民農園やいちご狩りなどの観光農園を楽しんでもらう「市民農園・観光農園タイプ」の3つに分けて紹介します。

特定体験タイプ

■30分～半日の短時間で提供可能

収穫や動物との触れ合い、食品加工など、農産物や指導する農家の知恵・技のうち特徴的なものを生かして提供します。このタイプでは、「田植え体験（**写真1**）」や「ジャガイモ収穫体験（**写真2**）」「牛の乳搾り体験」「餅つき体験」などといったように、農家の仕事や農村生活の一部をクローズアップして「〇〇体験」として内容を特定化させて受け入れます。

農家も企画が比較的立てやすく、参加者もどんな体験をするかイメージしやすいプ

写真1　田植え体験

写真2　ジャガイモ収穫体験

写真3　まき割り体験

写真4　稲わら草履づくり体験

ログラムになります。体験時間も30分から1時間、長くても半日など短いのが特徴です。

■「収穫体験＋調理」とアレンジも容易

　例えば「収穫体験」であれば、収穫の仕方や取っていい物の見分け方、収穫の量などを説明しながら農家が指導者となって参加者に農産物などを収穫してもらうのが一般的です。対応する時間は作業内容や収穫する量にもよりますが、収穫するだけであれば30分程度の例が多く、その農産物を活用した調理や試食などをプログラムに加えたりすることで、1時間コースや半日コースにアレンジもできます。

　農業体験の中でも収穫を伴うような体験は、参加者に人気のプログラムの一つ。「トマトの収穫体験」や「トウモロコシの収穫体験」「ジャガイモ掘り体験」など、作物名を冠に付けることで、1軒の農家でも複数の体験メニューを提供することができます。作物によって収穫時期が異なることを生かし、季節に応じた収穫体験を提供することも可能です。

■「まき割り」や「いも団子づくり」も

　また、農村での暮らしも体験プログラムとして提供することができます。例えば、冬の暖房にまきストーブを使っている農家は、まき材の調達やまき割りなども普段行っていれば「まき割り体験（**写真3**）」として提供できます。

　「わら細工（**写真4**）」や「伝統芸能」など地域の伝承活動も体験の一つとして提供することができます。他にも「いも団子づくり」や「豆腐づくり」など地域の特産や食材、お年寄りの知恵、お母さんたちの加工の技を活用し「郷土料理づくり体験」「食品加工体験」として、プログラムをつくることもできます。

　特定体験タイプは単品完結型です。どんな体験をするかが明確で、体験の種類に応じて分類もしやすく、複数の体験プログラムの提供も可能です。体験を組み合わせた1日体験コースの提案や、体験を提供している他の農家と連携した「農村まるごとツ

アー」などをつくることもできます。

生活体験タイプ

■農家と一緒に草取りや食事づくり

　農家がその日、その時に行う作業を一緒に手伝うような形で受け入れます。いわゆる「家業体験」です。特定体験タイプのようにある一定のプログラムの提供ではなく、農作業だけでなく農家の暮らしをそのまま体験してもらいます。畑の草取り（写真5）や収穫した農産物の選別、出荷するための荷造り、農業機械のメンテナンスといった農業に関わる作業の他、川遊びをしたり、おやつや食事を一緒につくったり、犬の散歩の手伝いをしたりするなど、日々の農村での暮らしそのものが体験プログラムになります（写真6）。

■修学旅行で人気の「ファームステイ」

　体験時間には終日行う日帰りパターンと、農家の家にホームステイするパターンがあります。いずれも共同生活をすることで、交流も深まりやすくなります。「農業や農村の理解をより深めてもらおう」と、このタイプの農業体験に取り組む農家が多いのも特徴です。

　特定体験タイプのように決まった体験内容ではなく、その日の作業を手伝うタイプのため、体験用の畑を準備しなくとも、普段の作業場やハウスが体験のフィールドになります。日々の営みの中で、食事を共にしながら作業や段取りなどを一緒に経験することで、参加者は農家の農業に対する思いや知恵、技、生き方、また生命の大切さに触れる機会を得ます。つまり参加者にとっては農家の「ホンモノ体験」の場となります。決まったプログラムではなく日々、天候や作業状況によって作業内容も変わる受け入れとなります。そのため農家の指導が行き届く範囲、最大でも4人程度の少人数の受け入れが好ましいでしょう。

　近年、特に道外の都市部からの修学旅行

写真5　畑の草取り作業

写真6
軽トラに乗るだけ
でも感動

図　ファームステイ体験のスケジュール例

【1日目】		【2日目】	
13:00	出迎え、対面・歓迎式	06:00	起床
13:30	農場到着、自己紹介、作業準備	06:30	【生活体験：暮らす体験】 ◇寝室掃除 ◇朝食の準備
14:00	【農業体験】 ◇午前中収穫した野菜の出荷作業など 　（計量、箱の組み立て） ◇畑の草取り作業	07:30	朝食・片付け
		08:30	【農業体験】 ◇野菜の収穫作業など
15:00	おやつ休憩	10:00	【生活体験：地域を知る】 ◇地域の景観や自然などの案内
16:00	【生活体験：暮らす体験】 ◇夕食用の食材の収穫 ◇ジンギスカンの炭おこし、食材のカット　など	11:30	送迎、解散式
18:30	夕食・片付け		
20:00	【生活体験：暮らす体験】 ◇家族団らん ◇昔遊びや星空観察など		
22:00	就寝		

仕事としての農業を知る
収穫や出荷作業を通して野菜の成り立ちや大きさを知る。収穫量など畑のスケール感をイメージ。出荷作業も農作業の一つである気付きを促す

家族・暮らし・地域を知る
畑で取れた物を直接調理して食べるといった一連の食の流れや、共に過ごすことで農家のライフスタイルなどを知るきっかけになる

でこのタイプの体験を希望する学校が多く、中でも農家にホームステイしながら農村の生活を理解する「ファームステイ（農家民泊）体験」を希望するケースが増えています（図）。その背景には、都会ではなかなかイメージしづらくなってきた「農の現場」を経験することで、生きる基本となる「食」や「生命の大切さ」を知ってもらう機会としたいと考えていることがあるようです。

　このタイプは、事前にある程度の受け入れ準備が必要ではありますが、収穫体験など特定の体験メニューがなくても、自分で作業状況から余裕のある時期などを選び、無理のない範囲で受け入れすることができます。

市民農園・観光農園タイプ

　空いている圃場や経営作物を活用して、都市部住民などが野菜や花などの栽培、収穫や鑑賞を楽しんだり、そういった人たちに安らぎの場を提供するような農地活用型の受け入れです。

■**都市住民に畑を貸し、栽培指導やレクも**

　「市民農園」は、主に都市部住民などが一定の区割りされた面積を借りて野菜や花などの栽培を楽しむ農園で、借り主である利用者が主体となって播種から収穫まで作物の栽培を行います。受け入れ側は区画整備や畑の管理などをするのが一般的です。

　市民農園は「学童農園」や「ファミリー農園」などの名称で呼ばれることもあり、その圃場を拠点に借り手が貸し主（農家）と一緒によく収穫祭やレクリエーションなどを行ったりしています。また貸し手が自分の経営作物を活用して農業体験の場を提供したり、月に1回栽培指導会などを利用者と企画し交流を図ったりする例もあります（次ページ**写真7**）。

■**不特定多数を対象にした観光農園**

　「観光農園」では、いちごやりんご、さ

写真7　貸し農園で利用者に栽培方法を指導

写真8　観光果樹園でぶどうの収穫体験

くらんぼ（おうとう）などの農産物の収穫などを体験できるのが一般的です（**写真8**）。体験だけでなく直売、飲食施設などを併設する農園もあり、通年ではなく収穫時期だけ営業する所もあります。

観光農園の特徴はなんといっても「農業」と「観光」が直接結び付いている点です。気軽に立ち寄り収穫できたりすることもあり、観光客を中心に不特定多数を対象とした一過性の交流体験タイプです。

観光客とじかに接することが多いため、普段の農業とは違うサービス、おもてなしなどが求められ、トイレなどを含む設備を整える必要性も出てきます。しかし、観光客の満足度などを改善してサービス向上を図りながら集客を増やしていくことで、投資を回収し発展的な経営につながる可能性が大きいことも特徴です。

■中間タイプの「オーナー農園」

市民農園と観光農園の中間的なタイプとして「オーナー農園（制度）」があります。消費者が果樹や農産物の決められた本数や区画を所有する契約を結び、その収穫物を得ることができる仕組みです。

栽培管理は貸し主の農家が行いますが、植え付けや管理作業の一部、収穫などを利用者に体験してもらったりする例もあります。田んぼオーナーなど、通常の営農の中で経営作物を活用して行うこともできます。

■複数回農園に通う「教育ファーム」

また、農園活用タイプとして「教育ファーム」という取り組みもあります。生産者が指導しながら、作物を育てるところから食べるところまで一貫したホンモノ体験の機会を提供します。農水省が教育的取り組みとして推奨しています。

参加者は複数回農園に通いながら農家の指導の下、体験を通して食や自然の恩恵の理解を深めることになります。農家は大きな設備投資などせず、既存の圃場や農園を活用しながら取り組むことができます。

Q2 どのような作業や体験を提供したらいいですか。

体験プログラムは農業・農村の持つさまざまなものが活用できます。まずは自分の経営作物や営農活動、生活を振り返って農業体験に活用できるものを発見してみましょう。

トラクタ試乗やハウスの片付けもOK

地域の基幹作物はもちろんですが、例えば自家用畑の作物や花、自給用やペットとして飼育しているニワトリや牛・馬、各種農業機械、趣味でしているわら細工加工やおばあちゃんのつくるいも団子など、体験プログラムに活用できるものはたくさんあります（表1）。

とはいっても、普段通り生活している中で、身の回りの活用できるものを自分ではなかなか見つけ出しにくいもの。となると、第三者の意見を聞くのも一つの方法です。地域内に住む都市生活経験者や移住者、Uターンで戻ってきた人に聞く他、都市部の人を試験的に受け入れてみて意見を聞くのもよいでしょう。

修学旅行で農村体験に来た都市部の高校生たちの中には、広い田んぼや真っすぐな道に感動したり、もぎたてのトマトの味が忘れられなかったり、トラクタに試乗するだけでアトラクション気分になったりする

表1　体験の分類分け

種類	メニュー
作業体験	田植え、稲刈り、農産物栽培、乳搾り、畜産飼育、各種収穫、トラクタ乗車、農具実演など
加工体験	餅つき、そば打ち、うどん打ち、豆腐づくり、トマトジュースづくり、みそづくり、ジャムづくり、バターづくり、ソーセージづくり、パンづくり、収穫した野菜を使った調理、漬物づくり、炭焼き、草木染めなど
郷土料理	ジンギスカン、じゃがバター、いも団子、かぼちゃ団子、ニシン漬けなど
農村工芸・芸能	わら細工、竹かご編み、つる細工、織物、羊毛クラフト、押し花、陶芸、木工、郷土芸能、太鼓、祭り参加など
自然・生活体験	まき割り、あぜ道田んぼ散策、田畑の昆虫探し、納屋や農業施設の見学、川遊び、バードウォッチング、里山探検、花火、五右衛門風呂、星空観察など

表2　季節に応じて考えられる体験内容

	ポイント	活用できそうな作業内容など
春	農産物を育てる準備の時期。田んぼのゴミ上げや石拾いなど「農作業」として想像できないことが多く、農業経験のない都市部住民や子どもたちとって新鮮な体験になります	温床ハウス周りの除雪、石拾い、畑ならし、苗箱準備、育苗ハウスの管理、水田管理、肥料まき、種いも選別、野菜の種まき、田植え（裸足で田んぼの感触を感じてもらったり手植えと田植え機の違いを実践など）、田植え後の箱洗い、草取り、農業機械試運転、トラクタ試乗など
夏	農作物をより良く育てるために作業管理や栽培の工夫があります。収穫できる野菜も増えてくるため収穫体験の他、計量や箱詰めなど出荷作業なども体験の一つになります	田んぼの見回り、あぜ草・畑の草取り、野菜苗の定植、摘果・間引き作業、ジャガイモの土寄せ、肥料づくり、収穫、出荷作業（計量や選別、袋詰め、箱の組み立て、シールやハンコ押し、集荷場運搬など出荷までの一連の作業を体験することで農家の仕事にイメージを広げることができる）
秋	収穫最盛期の時期、また冬に向けて片付け作業の始まる時期でもあります。作物ごとの成長や収穫量の違い、収穫した後の田畑の管理や片付けなども知ってもらう機会になります	稲刈り（鎌を使った収穫など）、コンバイン試乗、脱穀、田んぼの溝切り、米の乾燥施設などの見学、豆のにお積み、大豆の豆むき、収穫野菜の選果、出荷、ハウスの片付け、農業機械の掃除、納屋の掃除、トラクタ試乗など
冬	北海道の冬は雪に覆われるため参加者は農業体験のできるイメージを持っていないことが多いものの、除雪や春に備えた道具などの準備やメンテナンスなども体験になり得ます	越冬野菜づくり、越冬野菜の掘り出し、温室での野菜栽培、豆より、除雪作業、除雪車の試乗、農具や機械のメンテナンス、納屋の片付け、家畜の飼育、春近くになれば融雪剤まきや温床ハウスの組み立て、育苗、野菜の種まき、雪原の田畑でスノーモービルなどの試乗体験など

子がいます。逆にこちらは、草取りやハウスの片付け作業でさえ「楽しかった」などと、感動や関心を示すポイントを生徒から教えられたり気付かせてもらったりします。

農業研修のように、プロの農家として「高度な作業や説明をしなければいけない」と考えてしまいがちです。しかし生徒がしばしば感激するように、あるがままの営農活動や生活スタイルをそのまま提供することは極めて大事なことです（**表2**）。

授業の場合は要望聞き、雨天対応も

一方で、農業体験を希望する人の声を聞くことも必要です。参加者の年代や人数、体験の目的などによって体験の指導方法や進め方なども違ってくる場合があるからです。

例えば授業を行う小・中学校や体験学習などを希望する団体などと、事前に農業体験の関心の程度、関連する教科や科目、スケジュール、また農業・農村の理解状況などを聞いたりして、無理のない範囲で体験内容を一緒につくっていくことも必要です。

農業体験は屋外で行うことが多いため、雨天や悪天候でもそのプログラムが対応可能かどうか、企画の段階で決めておく必要があります。修学旅行や体験ツアーなどは日程も決まっているので、ハウス内での作業体験や施設見学、わら細工体験など屋内でできる体験プログラムに替えられるよう、あらかじめ準備しておきましょう。

Q3 子どもや大人、外国人など対象別の受け入れのポイントは？

同じ農業体験でも対象者によってプログラム内容が変わってきます。一方で農家側が対象者を決めて、限定プログラムを提供することもあります。主に想定される対象者ごとに「どのようなことに関心があるのか」「どのような体験を提供したらいいのか」など受け入れのポイントを紹介します。

園児や年少者〜楽しく、けがなく

保育園や幼稚園、また小学校低学年の子どもたちを対象としたプログラムは保育活動や学校の授業、課外活動などの一環でよく依頼があります。中でも、収穫体験が好まれます。体験する内容がはっきりしていること、いちごなど収穫した物をそのまま口にできたりすること、単純作業で体験できること、が好まれる要因です。

例えば、ジャガイモ収穫体験は「ジャガイモを掘って拾う」という流れの作業となります。これから行うことを理解しやすいよう子どもたちに、「宝探しをしてみよう」と声を掛けてあげると夢中になったりします（**写真1**）。

一方で、このような単純作業は飽きやすく、中には畑の土で泥遊びをしたりする子も出てきます。しかし、これもまた土に触れ畑の感触を味わう体験の一部として見守ってあげることが大切です。とにかく子どもたちには楽しい、面白いといった内容が欠かせません。

ただ、注意点もあります。子どもたちは予想外の行動を取ることがあります。刃物や火の扱いなどはできるだけ避け、体験に使う用具や場所、その周辺環境にけがなどを誘発する可能性がある場合は事前に手入れをし、整備や片付けなどをしておきましょう。また引率者や保護者、スタッフの人たちと進行方法などについて意思疎通を図り、子どもたちの体調や体力を確認します。できるだけ付き添いながら、目の届く範囲で無理のない活動を行うように心掛けましょう。

写真1　保育園活動の一環のジャガイモ収穫体験

写真2　年間を通してお米について学ぶ

表1　農業体験と関係する学習教科

教科	学習内容や関わり例
生活科 （総合的な学習）	地域の歴史や自然や文化、伝統など各学校で設定
国　語	体験活動を作文にしよう
算　数	圃場の面積を求めよう
理　科	生物とその環境を調べよう 飼育、植物の観察など
社　会	地域の特色や産業
家庭科	収穫した作物で調理など
図　工	作物の絵やかかしづくりなど
英　語	農業用語の英単語を調べよう

学校での授業～教師と認識共有

　学校教育の中で、農業体験を提供するスタイルです。学習指導要領は「生きる力を育む教育」を掲げています。「生きる力」の基本である「食」、そして食料を生み出す産業の現場を学ぶことが教育目標の達成に重要な課題となっています。まさに、いま「農山漁村の持つ教育力」が教育現場では重要視されているのです。多くの学校は農業体験や食育の体験学習の機会をつくるため、農林漁業家とつながりを求めています。地元の学校や教育委員会などに希望がないか、問い合わせてみるといいでしょう。

　学校の授業では一過性でなく、作物をつくるところから食べるところまで一貫した取り組みが好まれます（**写真2**）。特に総合的な学習の時間で取り組まれることが多く、その他の教科と関連付けて授業展開する場合もよくあります（**表1**）。

　学校の年間指導計画は年度初めには固まっているので、新学期が始まる遅くとも2カ月前ぐらいまでに、農業体験の企画を学校に持ち掛けてみましょう。

　その際、①子どもたちのどんな成長を目指すのか教師と認識を共有し②農家時間と学校時間をすり合わせ③他教科と関連付けながら④年間スケジュールと各体験プログラムをつくる、といった流れで先生や関係者と一緒に具体化を進めていくといいでしょう。

　また、農業や農村を知らないのは子どもたちだけではなく、先生にも少なくありません。北海道農協青年部協議会では学校の先生や栄養士を対象に、農家にホームステイし農業や農村の理解を深めてもらう活動を行っています。先生の受け入れなどもぜひ検討してみてください。

都市からの修学旅行生～民泊が人気

　近年、中高生の修学旅行は地域の自然や歴史、文化、そこに暮らす人々との交流を目的に、物見遊山型から体験型へと変化してきています。中でも道外から訪れる学校は北海道特有の自然や文化などに関わる体験活動を希望しており、行程に農業体験を組み入れる学校が増えています。

　希望する学校の多くは大都市圏にあり、地域柄、農家や農業に触れる環境があまりなく、北海道への修学旅行をいい機会と捉える傾向があります。

表2　修学旅行などでの農村生活体験の受け入れパターン

受け入れパターン		体験内容やその特徴
ファームステイ（農家民泊）	昼間の農作業体験＋農家で宿泊	農家1戸当たり3、4人の受け入れ。寝食を共にしながら農業の1日の流れや農村での生活リズムなどを体験。家族団らんでのコミュニケーションなどにより深い関係もできる
日帰り1日体験	1日の農業体験	1農家当たり少人数、グループの受け入れ。植え付けや収穫から出荷まで、農家での1日の作業の流れをゆっくり指導することができ、生産現場を知ってもらえる
日帰り半日体験	午前や午後だけなど短時間の農業体験	1農家当たり少人数、グループ単の受け入れ。農作業だけでなく、そば打ちやわら細工など、農村ならではの趣味を生かした短時間メニューでの受け入れなども可能

近年はほとんどがファームステイの問い合わせになっている

図　教育旅行での農家民泊体験の受け入れの流れ

①バスが到着　　　　　　　②農家のお出迎え。対面式後、農家の車で農場へ移動

③各農場で農村生活体験。受け入れ農家によって作業内容はさまざま

④1泊体験後は集合場所に戻り解散式。涙なみだのお別れの場面も

　その場合は「生活体験タイプ」が主流です。農家が行うその日・その時の作業を手伝いがら農家の一員になったつもりで共に過ごして交流する「農村生活体験プログラム」が好まれます。特に増えているのが、農家にホームステイをするファームステイ（農家民泊）体験です（表2、図）。寝食を共にし、日々の農業の営みや農村の生活をありのまま体験することを通じて、自分と食のつながり、生命や交流の大切さを知

修学旅行で人気の農村ホームステイ。
しかし、受け入れ農家の不足で諦める学校も…

り、農業や農村の理解を深めます。生徒たちはいろんな気付きや発見、感動などが得られます。これらが民泊体験を希望する学校が増えている要因になっています。

　また農家にとって受け入れは、自分の仕事に対する誇りや自信につながり、食や農の価値や思いを伝える機会にもなっています。将来の販路拡大、担い手確保、所得向上や地域活性化などさまざまな波及効果も期待できるだけに、積極的に受け入れをする農家も多くなっています。

　北海道を訪れる修学旅行数は年間約1,000校・14万人ほどで、そのうち農業体験を希望する学校は約15％。農業体験を希望する学校が増える一方、受け入れ農家が不足し、実施を諦める学校も少なくありません。このような受け入れを行う際には、受け入れ規模が100人や200人単位になります。農家1戸当たり4人の受け入れでも200人の生徒を受け入れるのに50戸の農家の協力が必要となります。同じ思いを持っている農家や仲間を増やしながら、地域ぐるみで取り組む必要があります。

一般の観光客〜気軽な体験を準備

　親子や友人同士、少人数のグループ、カッ

写真3　家族でトウモロコシ収穫体験をして試食

プルや個人は「子どもに体験させてあげたい」「楽しみたい」とやって来ます。Q1の「特定体験タイプ」（8ページ）のジャガイモ掘りや収穫といった単独体験に関心があります（**写真3**）。

　不特定多数が対象となるので、気軽に参加でき短時間でできるプログラムなどを準備するのがよいでしょう。

企業の職場研修〜生活体験を希望

　これまでも福利厚生やレクリエーション余暇活動の一環で、農業体験を実施する企業や団体が多くありました。しかし近年は、メンタルヘルスケアや人材育成のため、あるいは異業種における職場研修、今後のサービスや商品開発などに向けた研修

写真4　ねぎの草とり作業

写真5　前日収穫した野菜などを使って朝食

に農業体験を取り入れる企業が増えています。特に、「生活体験タイプ」型で民泊を希望する企業など多くなってきました（**写真4、5**）。

　社員の中には、社会人になって初めて農業の現場を知る人も少なくありません。食べ物がどう生産されているか、どういう人がつくっているのかを体験で知り、滞在後は食育、そして農家と個人的な交流に発展するケースもあります。

　ただ修学旅行の生徒たちと違って、社会人の大人を相手にするので、プライベートに配慮し、飲酒や喫煙など修学旅行などの受け入れとは別のルールをつくっておくとよいでしょう。

外国人〜指差し会話集などを用意

　海外から日本を訪れる旅行者が近年、急増しています。日常生活や日本らしい文化に触れる体験が人気で、世界遺産でもある「和食」を通して日本の食文化や、その食材がつくられる現場、農山漁村に興味を持つ外国人も多くなっています（**写真6、7**）。中でも郷土料理や農村工芸、伝統文化（次ページ**写真8**）、また布団で寝たり囲炉裏を囲んだりなど、日本の農山漁村ならではの体験を希望する外国人が増えています。

　好まれるのは「生活体験タイプ」です。外国人向けに新たにプログラムを考えなくてもよく、普段の生活スタイルをそのまま

写真6　トウモロコシの収穫体験（シンガポール客）

写真7　トマトの収穫体験（中国客）

写真8　餅つき体験（ロシア客）

写真9　指差し会話集（韓国語）

体験できる方が好まれます。言葉や文化、宗教の違いはありますが、それぞれの国の特徴や国民性を知った上で、簡単な単語にジェスチャーなど交えながら会話すると、思いが伝わることも多いようです。

しかし、不安が多いのも事実です。言葉については簡単な外国語表記を心掛け、基本的なあいさつ、緊急時の会話ができるよう指差し会話資料（**写真9**）などを用意するのがいいでしょう。自分のマチにＡＬＴ（外国語指導助手）やＣＩＲ（国際交流員）などがいる場合は、日本語でつくった資料を訳してもらう、など相談をしてみましょう。食事については、野菜中心のベジタリアンや宗教上制限のある食材などもあります。事前に確認するようにしましょう。

宿泊体験については、アジア系と欧米系で国民性の違いがあったりします。特にヨーロッパは長期休暇の習慣があるため、農村に長期滞在し余暇活動を楽しむ場合があります。そのためホームステイより、むしろ別棟にゲストハウスなどがあれば、そこを拠点に滞在するのを好んだりします。滞在中は、受け入れ側の干渉など必要最低限を望んでいる場合もあるので注意が必要です。

近年は個人旅行客だけでなく、教育旅行に日本を選ぶ国も増えています。日本の修学旅行と同じように農山漁村での民泊を希望する海外の高校などからの問い合わせも多くなっています。

イベント形式の体験会～条件を明確に

田植え体験会や収穫体験会などは、日時や定員、対象を定め、イベント形式で受け入れることになります。

参加者は親子やグループなど、年齢層が幅広くなるため、誰でも参加できるような工夫、タイムスケジュールの調整、危険個所の確認などを行い、実施条件を明確にしておくことが必要です。

Q4 受け入れする際に準備する物を教えてください。

受け入れのタイプや主体、対象者や人数、また体験プログラムの中味や当日の体験の進め方などによって準備内容はそれぞれ違ってきます。大きく5つに分けて整理しましょう。
ここでは一般的な個人農家が受け入れを行う場合について紹介します。

①場所〜田畑、集合場所、加工所など

まずは、言うまでもなく体験を行う場所の準備です。主なフィールドは田畑ですが、拠点となる場所（集合場所など）から離れていないか、安全に行き来できるかなどの確認が必要です。農業体験の目的に合わせた耕起や畝立て、栽培状況も確認します。野菜や果樹など収穫する場合は、実施場所の危険箇所の除去や対象株などに目印などを付けておくとよいでしょう。

また食体験の場所は、野菜のカット程度であれば自宅のキッチンや簡易調理設備のある作業所でも構いませんが、参加人数や衛生面も考えた場合は公民館などにある調理室や加工所、学校を受け入れる場合はその学校の調理室を利用するのがよいでしょう。

②材料〜内容に沿ってリストアップ

植え付け体験であればその対象作物の苗や肥料、わら細工体験であればわらやひも

などが必要になります。また豆腐づくりやいも団子づくりでは、大豆やジャガイモなどの食材の他、その作業や体験内容に沿って調味料などをリストアップして確認しましょう。

③用具や器具〜観光客なら長靴、軍手も

作業内容によって用具も変わります。まずは必要となる道具をリストアップします。

その中で、農家で準備する物、参加者に準備してもらう物に分けて整理しましょ

う。不足している物や購入の必要な道具などあれば調達しておきます。

収穫体験であれば、収穫用のはさみやくわ、収穫かご、持ち帰り用の袋などが必要になります。特に観光客などを対象にジャガイモ掘りなどを行う場合は、長靴や軍手なども準備しておくとよいでしょう。

ただ、一つの農家で用具や長靴を人数分準備するのは大変です。大人数を受け入れる場合、収穫の順番などを工夫したり、長靴の代替として買い物袋を参加者の靴にかぶせて対応したりしている例があります。

食体験の場合は、調理施設を一度下見し、つくる加工品や料理によって必要な調理器具などそろっているか、同じようにリストアップして確認しましょう。

農村工芸や食体験に用いる用具についても、手入れ状況を確認しておきましょう。

④トイレや水道〜受け入れの盲点

当日、参加者から聞かれて慌てて準備したりすることの多い項目です。プログラム内容の準備ばかりに気をとられがちですが、①の場所を含め、受け付けや集合場所、着替えや休憩場所、トイレ、水道（手洗い&飲用）なども農業体験の受け入れの際に準備しておくことが望ましい。

専用施設を新たにつくる必要はありませんが、自宅や作業場の一部を開放したり活用したりするなどして、対応できるようにしておきましょう。

その際、農園レイアウトや案内表示などがあると参加者に親切です。

⑤実行のための準備〜役割分担を

誰が準備をして誰が指導するかなど、体験プログラムの実行について役割分担など家族内で決めておきましょう。

また、同じ農業体験でも園児だったり、高校生だったり対象によって伝わり方や理解の仕方が違う場合があります。配布資料や映像資料、作業説明ができるホワイトボードなども準備品の一つとしてあると便利です。

※その他、民泊体験受け入れにおける準備についてはＱ７（28ページ）で紹介

Q5 体験交流する際、どう進めたらいいですか。

体験をスタートさせる時は、そのまま作業に入るのではなく、自己紹介をしたり初めての人でも分かりやすいように作業の要点や意義に触れたりしましょう。

自己紹介と作業手順の説明

体験に入る前は作業に関連したクイズで関心を盛り上げ、作業をやってみせるといいでしょう（**写真1**）。自己紹介ではニックネームを披露したり、人数が多い場合は名札など付けることでお互いの距離が近づきます。

作業説明の際は、体験や作業の内容を明記した資料を配布、黒板やホワイトボードで作業のポイントを書き出し、パネルなどを使って説明すると体験の面白さ、イメージが伝わりやすくなります（**写真2**）。

体験中は生育の良しあしの見分け方を教えるほか、農園の自然や栽培環境の観察、草とり競争なども折り込みながら、参加者に感動や発見が生まれる工夫をします。例えばジャガイモ掘りであれば、機械で掘る

写真1　作業前の説明と実演

写真2　パネルを使った説明

写真3　振り返り用の紙芝居教材

写真4　野菜当てクイズBOX

場合と手で掘る場合とではスピードや労力が違います。稲刈りであれば鎌を用いての手刈りには独特の音や感触があります。簡単な手作業や道具をあえて取り入れてみるのもお勧めです。

体験後の振り返りで関心高める

体験後は体験のまとめや感想を発表する場や時間を設けるなど振り返りをすることで、参加者の農業や農村への興味・関心を深めることができます（**写真3**）。

学校の体験活動などでは事前学習と実際の体験を通じてどれくらい知識が身に付いたかを確かめる事後学習を行いたいものです（**写真4**）。市民農園や観光農園、民泊体験などでは「交流ノート」をつくり、「農園通信」などを発行したりするのもよいでしょう。

体験参加者が感動や発見を得られるちょっとしたきっかけをつくることが、より深い交流につながります。プログラムをつくる中で、作業の段取りだけでなく、作業内容や交流のポイントなども書き込んだ進行表などを作成しておきたいものです。

目的を明確にしてプログラム作成

体験プログラムをつくるに当たっては、**表**を参考に各項目を検討し、「何のために体験を行うのか」「誰にどのようなことを伝えたいのか」などを明確にしておきましょう。

表　体験プログラム作成における検討内容

①プログラム名	アピールする体験名を決めましょう
②狙いやテーマ	体験を提供する目的、理念、コンセプトを明確に
③参加者の絞り込み	参加者は何を目的に参加するのか、何を期待しているのかを把握します
④プログラムの流れ	実施方法（プログラムの展開、ストーリー）と体験時間を軸に役割や準備品、体験や交流のポイントなどを明記した工程表を作成しましょう
⑤構成要素	①〜④を基に、以下を設定していきましょう ・開催日時　・実施場所　・対象者　・定員（最小〜最大人数） ・体験料金　・予約の有無　・施設や用具などの確認 ・安全対策の確認　・集客や売上目標　・告知方法

Q6 安全管理について教えてください。

農業体験は都市部の大人や子どもが農園や農山漁村で、普段できない体験を通して、その活動自体を楽しんだり食や農への理解を深めたりするものです。一方、不慣れな場所での活動や作業となり、初めての道具などを扱ったりします。受け入れ側（農家）が万全の注意を払っていても、思いもよらないことが原因で事故が起きたり、事故に至らなくても「ヒヤリ！」としたり「はっ！」としたりする場面も少なくありません。体験には危険やリスクが潜んでいることを忘れないようにしましょう。

事故を予防するには「まさか」をいかに減らしていくかが重要です。参加者が安全・安心に楽しめるよう、体験活動に潜むリスクを洗い出し、危険性などを事前にチェックして、プログラムを組み立てるようにしましょう。

体験中のリスクと注意点

参加者には慣れない環境での作業となるので、危険場所の回避や体調など考慮しながら受け入れをしましょう。

写真1　まき割り体験なども実演する。指導する側も体験中は目を離さないように注意する

■用具の使い方、作業ルールを説明

あらかじめ体験活動の主なフィールドに

表1　考えられる起因リスク例

自然環境起因のリスク	気象や地形	大雨、強風、落雷、河川の増水、ゲリラ豪雨、急激な気温変化、土砂崩れ、落石、危険な斜面など
	動植物	クマ、ハチ、毒ヘビ、毒キノコ、ウルシなど
人為的起因のリスク		道具の誤った使い方、刃物、火、指導者の過失、無理な計画、指導不足、食用ではない植物の誤食、交通事故など
身体的起因のリスク		疾患があること、食中毒、食物アレルギー、転ぶ・滑る・落ちる・ぶつかるなどによってできる創傷・捻挫・骨折、やけどなど

写真2　農業機械などの実演や乗車体験は指導者が同乗するか、エンジンを必ず切るなど安全管理を徹底する

なる場所およびその周辺の危険箇所を確認・点検しましょう。事前に用具などの安全な使用方法、また作業ルールを説明し、危険な行動や行為をしないよう参加者に理解させた上でプログラムを進めていきましょう（前ページ表1、写真1、2）。

■参加者の体力を確認する

　参加者の体調などを確認し、体力に合わせた体験の進め方をしましょう。もし参加者が体調を崩したり、体力的に作業が困難と判断される場合は、体験活動を中止または他の体験に切り替えたり、休憩したりするようにしましょう。

■緊急時に備え、救急用品や連絡先も

　万が一に備えて、最低限の救急用品の準備をしておきましょう（表2）。なお服用薬については薬成分でアレルギーなどを引き起こす場合があるので、事前に本人または保護者、引率の先生などに必ず確認を取ることが大切です。

　また救急車や病院など、緊急時にすぐ連絡ができるようにしておきましょう。

食品アレルギーと食中毒に注意

　食体験やすぐ食すことのできる作物の収穫体験、活動中の食事における最大のリスクは食品アレルギーと食中毒です。特にアレルギーの場合は最悪、死に至ることもあります。これらを行う際には、事前に参加者にアレルギーがないか聞くなどして、危険要因を回避し、代替メニューをつくるなどして対応するようにしましょう。

　現在、厚生労働省では表3の通り、アレルギー表示が必要な「特定原材料」7品目、「特定原材料に準じる物」20品目を選定していますので確認しておきましょう。特に民泊体験で枕にそば殻を使用しているときは、参加者のそばアレルギーに要注意です。

　また食中毒は夏に発生すると思いがちですが、ノロウィルスなどは季節に関係なく食中毒を発生させます。調理の前と後の手洗いや消毒の徹底はもちろん、使用する食器や用具など定期的に消毒するなどして衛生管理に留意しましょう（写真3、4）。国は食中毒予防の3原則を、食中毒菌を「付けない・増やさない・やっつける」とし、「買い物」「家庭での保存」「下準備」「調理」「食事」「残った食品」の6つのポイントで具体的な方法を紹介しています（※）。ぜひ確認しておきましょう。

※ 政府広報オンライン（https://www.govonline.go.jp/featured/201106_02/）

表2　救急セット内容例

三角巾、消毒液、包帯、脱脂綿、内服薬各種（下痢止め、鎮痛剤、抗アレルギー剤など）。携帯電話や無線機などの通信機器も欠かせない

表3　食品アレルギー表示（厚生労働省ホームページより）

規定	アレルギーの原因となる食品の名称	表示をさせる理由	表示義務の有無
特定原材料 7品目（省令）	卵、乳、小麦、エビ、カニ	発症件数が多いため	表示義務
	そば、落花生	症状が重くなることが多く、生命に関わるため	
特定原材料に準じる20品目（通知）	アワビ、イカ、イクラ、オレンジ、キウイフルーツ、牛肉、くるみ、サケ、サバ、大豆、鶏肉、バナナ、豚肉、まつたけ、もも、やまいも、りんご、ゼラチン、	過去に一定の頻度で発症が報告されたもの	表示を奨励（任意表示）

写真3　調理する場所や調理器具、食材や下準備、調理方法など衛生管理を確認する

写真4　民泊タイプはバーベキュースタイルの食事も多い。半生状態にならないよう注意する

動物アレルギーや貴重品の管理も

　体験活動を行うに当たって危険リスク要因は他にもあります。動物との触れ合い体験やペットを飼っている家での民泊体験では、動物アレルギーや恐怖症の参加者がいる場合もあるので事前に確認しましょう。

　また、農園内の納屋や倉庫など設備の破損や故障箇所はないか、タバコの火の不始末によって火災を誘引するものはないかなど、体験フィールドや施設を含め、定期的に農園全体を見回して危険箇所がないか確認するよう心掛けましょう。

　その他にも作業内容や現場のリスクだけでなく、参加者の個人情報が他者に閲覧されることはないか、貴重品などが紛失することはないか—など管理体制についても確認し、参加者が安全・安心に体験できるような環境整備を心掛けましょう。

万が一に備えて、保険に加入

　「まさか」を回避するため、十分に予防策を取っていても、時には想定外の事態やリスクに出合うことがあります。参加者だけでなく、体験提供者自身の安全やリスクを回避するためにも、傷害保険や賠償責任保険などに入っておくことをお勧めします。

　詳しくは行政や体験受け入れの支援を専門に行っている団体や企業などに相談してみましょう。

Q7 農家民宿を始めるにはどうしたらいいですか。

農家民宿は、農山漁村での余暇活動を求める観光客などの滞在型拠点としてだけではなく、宿泊客と地方を結び付け、農山漁村の魅力発信に一役買う他、農家の所得向上、宿泊滞在による地域経済への波及効果などが期待されています。

農家民宿を通してより深い交流活動を始めてみませんか。

「農家民宿」と「農家民泊」の違い

「農家民宿」と「農家民泊」は混同されがちですが、大きく違うのは宿泊料を受け取れるか否かです。農家民宿は宿泊料を利用者から受け取るため、旅館業法における営業許可が必要となります（**表1**）。

一方、農家民泊は宿泊料に当たる料金を利用者から徴収することはできません。旅館業法の営業許可を受けた施設は衛生面や安全管理の徹底が必要となります。農家民泊の場合でも、利用者の信用・信頼や安全・安心の確保、また副業としての所得向上や自身のリスク回避のため、できるだけ

表1　農家民宿と農家民泊の形態の違い

形　態	特　徴
農家民宿	農林漁業家が旅館業法の簡易宿所等の営業許可を受けて宿泊させる形態で、宿泊料として受け取ることができる
農家民泊	農林漁業家が宿泊料を受けないで宿泊させる形態（ただし食事代や体験指導の対価を受け取ることは可能）

> ［参考］教育旅行における農家民泊の北海道の取り扱いについて
> 　北海道では2012年4月に農林漁業家の民泊体験に関する指針を示しており、教育旅行等で生徒を宿泊させる際、受け入れにおける安全性が確保されている場合にのみ旅館業法の適用を受けず「民泊」として受け入れることができます（不特定多数のいわゆる観光客などの受け入れの際には旅館業の許可等の取得が必要となります）。
> 　ただし、受け入れ組織や地域協議会などに加入しており、協議会などで作成した受け入れに関するマニュアルが共有されていること、衛生や安全に関する講習会などの受講をすること、食事の提供方法は共同調理などを基本にすること、対価は体験指導料や食材費などのみで宿泊料に充当する対価を受け取らないこと等が条件となります。
> 　　　　　　　　　　　　　　　※詳しくは道農政部農村振興局農村設計課

表2　農家民宿開業のための経営イメージの検討リスト

項　目	検　討　内　容
施　設	□同棟・・・母屋の空き部屋などを活用して宿泊部屋にする □別棟・・・母屋とは別棟を活用しゲストルームとする
経営 スタイル	＜時期＞ □通年型・・・１年を通じての営業 □季節型・・・春～秋のみ営業、冬季は休業など □週末型・・・土日祝日のみ営業 □目的型・・・修学旅行や研修旅行のみなど ＜宿泊タイプ＞ □素泊まりタイプ □朝食のみ（または朝夕食付き） □連泊の有無（短期・長期滞在が可能か） ＜体験メニューなどのサービスメニュー＞ □体験メニューの有無（農業体験、収穫体験、郷土料理体験など）
食事提供 スタイル	□自炊型・・・宿泊者自身で調理（必要に応じて食材の提供など） □食事提供・・農家側で調理した食事を宿泊者へ提供（別途許可が必須） □体験調理（共同調理）・・・宿泊者と一緒に調理をする
役割分担に ついて	民宿業に携わる経営人数。家族内でよく話し合い、役割分担などをしておきましょう 〈例〉食事準備：お母さん、体験メニューの提供：お父さん、など

営業許可を取得しておくことが望ましいでしょう。

経営スタイルや食事提供方法を検討

農家民宿を始めるに当たっては、どのような民宿にするか、目的や運営計画などイメージしておく必要があります。

例えば、宿となる場所は自分の住まいの空き部屋を活用するのか別棟を活用するのか、営業時期や運営は主に誰が担うのか、食事の提供はどうするのか、どのような体験メニューを提供するのか―など経営スタイルやサービス内容について事前に検討しておきましょう。

なお農家民宿での食事に関しては、参加者による自炊型、または共同調理型で行っている施設が多い状況です。もし農家が食事を提供する場合には、食品衛生法に基づく飲食店営業許可（食品衛生責任者の有資格者の設置が必要）が必要となりますので、開業準備の際、併せて食事提供方法についても検討しましょう（**表2**）。

法律に基づく必要書類を確認する

旅館業法における旅館業はホテル営業、旅館営業、簡易宿所営業、下宿営業の４つに分類されます。農家民宿は比較的取り組みやすい「簡易宿所営業」の許可が一般的です。また農林漁業家が開業しやすくなるように法律的に規制緩和や運用の明確化などもされています。

例えば、簡易宿所開業においては客室面積が33㎡以上必要でしたが、2003年に撤廃されました。宿泊客への周辺案内や送迎な

図　旅館業開業に向けた手続きの流れ

ステップ1　必要書類の準備
①農家である証明書（耕作証明など）
②提供役務（農林漁業体験メニューなど）

ステップ2　保健所にて手続き申請
持参した書類を基に保健所で規制緩和条件などの確認作業

ステップ3　申請書作成および必要な添付書類などの手続き
申請書には屋号や宿泊予定部屋数や収容人数などの記載などを行います。その他以下の書類などを添付します
①都市計画法における許可書※
②予定施設の位置図・配置図・立面図・平面図
③建築基準法における検査済み書※
④消防法適合通知書（最寄りの消防所）※
※①・③・④については小規模民宿の場合には不要となる場合があります

ステップ4　保健所へ申請
ステップ3で準備した書類を添付し申請。
（申請手数料：2万1,700円の印紙貼り付け）

ステップ5　保健所による現地確認
申請書を基に担当者が該当施設などの確認を行います

旅館業許可証の発行（旅館業開業）

※添付書類などについての手続きや申請については自治体により異なる場合がありますので、最寄りの自治体の担当窓口にご確認ください

［参考］宿泊客を受け入れるための準備
　宿泊客を受け入れるに当たって、宿泊人数分の布団やまくらなどがそろっているか、部屋にほこりやゴミなどがなく清潔感のある空間づくりになっているか、浴室やトイレなど水回りが衛生的になってるか、などを確認しておきましょう。また、けがや事故を防止するためにも利用する住宅の共有スペースやゲストルームなどが破損や故障していないかも確認しておきましょう。日頃から使用する建物や設備の状態をよく把握し、不具合が見つかったら直ちに修繕・修理することを心掛けましょう。また部屋やトイレ、浴室など普段から掃除を徹底するほか、布団やまくらなどについても衛生管理に努めましょう

ども道路運送法の許可外とされています（03年、11年改正）。
　一方で、規制緩和されても、法律的に開業に必要な書類はそろえなければなりません。旅館業申請は最寄りの保健所で行うことができます。申請に当たっては都市計画法に関する書類や、建築基準法や消防法に関する書類など手続きを済ませて添付しなければなりません。
　まずは保健所や自治体の農政窓口で提出する書類についての確認や相談をしましょう（図）。

Q8 地域や関係者とどう連携していったらいいですか。

　農業体験の受け入れは、さまざまな団体や組織、関係者などと関わることでいろいろな可能性が広がります。受け入れのスキルアップや仲間づくり、連携したプログラムの企画や開発など多様な主体とつながることで、結果としてより効果的な農業や農村の魅力発信、収益向上、交流人口増加による地域活性化などが期待できます。

受け入れ協議会などに加入しよう

　自治体や集落、仲間同士で都市と農村の交流活動の推進や農山漁村の活性化などに取り組む場合、農林漁業者および地域関係者などが構成員や会員となって「グリーン・ツーリズム※推進協議会」といった受け入れ団体を組織しています。

　このような協議会では会の目的を達成するための勉強会や研修会、広報・集客活動などを行っています。そのため協議会メンバーと知り合いになるだけでも、仲間づくりや自分のスキルアップなどにつながります。さまざまな取り組みや活動を行っているメンバーも多く、自分の農園で提供しているプログラムと連動させたり、地域に滞在している宿泊客にそれぞれのプログラムを提供したりできます。各自の得意分野を組み合わせた「農村体験ツアー」など魅力的なツアー開発やプログラム企画づくりにもつながります。次ページの表のように、全道に受け入れ組織があります。自治体が構成員で事務局を担っていることも多いので、自分のマチの担当課（農林課や産業振興課など）に問い合わせてみましょう。

　また、地域で仲間づくりや受け入れ組織の設立を考えている場合、筆者の所属する㈲アグリテックをはじめ、行政や関連する団体や企業などが設立の支援を行っていますので、相談してみましょう。

> ※農水省は都市部住民などが「農山漁村地域において自然、文化、人々との交流を楽しむ滞在型の余暇活動」と定義しています。都市と農村交流活動を通し、農山漁村の役割や価値などを都市部住民と共有する地域活性化対策の一つとして全国の農山漁村で取り組まれています。また、国では2017年度から地域の多様な実施主体が地域ぐるみで連携して取り組む「農山漁村滞在型旅行（農泊）」を推進しており、交付金などの支援事業なども行っています。

多様な関係者と連携し多彩なメニュー

　直売所や観光農園、農家レストランなど地域のグリーン・ツーリズム仲間や郷土館などの教育・文化施設、サークル活動など

表 修学旅行などを中心に受け入れを行っている道内の主な受け入れ協議会・組織一覧

振興局	主な受け入れ協議会や組織	
	市町村	名称
空知	雨竜町	雨竜町農業体験受入等連絡協議会
	芦別市	芦別グリーン・ツーリズム研究会
	滝川市	滝川グリーンツーリズム研究会
	新十津川町	しんとつかわで心呼吸。推進協議会
	浦臼町	浦臼町農業体験受け入れ協議会
	月形町	つきがたグリーンツーリズム運営協議会
	美唄市	美唄グリーン・ツーリズム研究会
	栗山町	栗山町グリーン・ツーリズム推進協議会
	由仁町	由仁町グリーン・ツーリズム推進協議会
	深川市、沼田町、北竜町、秩父別町、妹背牛町	元気村・夢の農村塾
	沼田町	沼田町中山間地域等直接支払制度推進協議会（町・農協連携）
	長沼町	長沼町グリーン・ツーリズム運営協議会
石狩	千歳市	千歳市グリーン・ツーリズム連絡協議会
	恵庭市	恵庭グリーン・ツーリズムネットワーク
	当別町	一般社団法人当別新産業活性化センター
	新篠津村	グリーンツーリズムしんしのつ
後志	黒松内町	黒松内町子ども宿泊体験交流協議会
胆振	安平町	安平町観光協会
	厚真町	厚真町グリーン・ツーリズム運営協議会
	むかわ町	むかわ町交流人口推進穂別協議会
	苫小牧市	苫東・和みの森運営協議会
	豊浦町	NPO法人自然体験学校
日高	浦河町、様似町、えりも町	日高王国
渡島	函館市	特定非営利活動法人亀尾年輪の会（函館市亀尾ふれあいの里内）
	木古内町	木古内まちづくり体験観光推進協議会
檜山	厚沢部町	素敵な過疎づくり株式会社
	奥尻町	奥尻島観光協会
上川	旭川市	JAたいせつ地域グリーンハート協議会
	名寄市	名寄市グリーンツーリズム推進協議会
	愛別町	愛別町農作業体験等受入推進協議会
	和寒町	和寒町グリーンツーリズムネットワーク協議会
	剣淵町	剣淵町農業研修等受入協議会
	東川町	ひがしかわグリーン・ツーリズム推進協議会
	上富良野町	上富良野教育ファーム推進協議会
	富良野市	NPO山部まちおこしネットワーク
	鷹栖町	鷹栖町農業経営者同友会
	中富良野町	中富良野町農業体験交流推進協議会
	美瑛町	（一社）美瑛町観光協会
留萌	小平町	ゆうゆうそう
オホーツク	津別町	津別町グリーン・ツーリズム運営協議会
	網走市	グリーンツーリズム・オホーツクセンター

表 修学旅行などを中心に受け入れを行っている道内の主な受け入れ協議会などの組織一覧（続き）

振興局	主な受け入れ協議会や組織	
	市町村	名称
十勝	帯広市	おびひろ農村ホームスティ協議会
	幕別町	まくべつ稔りの里
	芽室町	めむろ農家民泊研究会
	足寄町	ちはるの里
	清水町	清水町農村ホームスティ協議会
	本別町	本別こども民泊受入れの会
	豊頃町	とよころ豊徳ホームステイの会
	音更町	グリーンツーリズムおとふけ
	士幌町	しほろホームステイ研究会
	新得町	新得町農村ホームステイ協議会
	上士幌町	（仮称）上士幌町農村ファームステイ協議会
	浦幌町	うらほろ子ども食のプロジェクト
	士幌町	しほろホームステイ研究会
	池田町	池田町受入農家（食の絆を育む会）
	鹿追町	鹿追子ども宿泊体験交流協議会
根室	別海町	別海町グリーン・ツーリズムネットワーク
	標津町	標津町エコ・ツーリズム交流推進協議会

振興局	広域で体験の受け入れやコーディネートを行っている団体や組織	
	団体名称	取り組みを行っているエリア（市町村）
空知	そらちDEい〜ね	滝川・奈井江・砂川・浦臼・雨竜・新十津川・芦別・赤平・深川・美唄・栗山・由仁・沼田・月形・妹背牛・新篠津・当別
後志	マルベリー	蘭越・ニセコ・真狩・京極・共和・倶知安・赤井川・仁木・留寿都・黒松内
胆振	東いぶり子どもグリーン・ツーリズム推進連合会	苫小牧市・安平町・厚真町・むかわ町
日高	日高王国	浦河町・様似町・えりも町
上川	（有）アグリテック	旭川・東川・東神楽・愛別・当麻・比布・美瑛・鷹栖・富良野・和寒・剣淵・士別・名寄・美深・中川・音威子府など上川地域、稚内など宗谷管内、その他日高、夕張、空知の一部
十勝	NPO法人食の絆を育む会	帯広・幕別・芽室・足寄・清水・本別・音更・新得・池田・浦幌・広尾・大樹・中札内・更別
	南十勝長期宿泊体験交流協議会	広尾・大樹・中札内・更別
	ちほく体験観光協会	池田町・本別町・足寄町・陸別町
	NPO法人自然体験学校	池田町など

※道農政部農村振興局農村設計課の2017年1月現在の調査資料を参考に作成

のグループ、道の駅や温泉・宿泊施設と連携することで集客効果が上がり、体験活動の分担、悪天候時の代替メニューの相談や委託も可能となります。また、農園を拠点とした地域の歴史や文化を学ぶ周遊観光なども可能となり、農園で提供している体験プログラムへの付加価値づくりも期待できます。

JAをはじめ地元の商店や業者などとは体験プログラムにまつわる備品や材料の調達、施設整備にかかる資金調達や融資など、さまざまな場面で関わることが多いの

で、より親密な関係づくりを心掛けましょう。

行政や関係機関と積極的につながる

　農業体験の場の提供は農業振興や地域活性化、また観光振興の面でも効果があり、ある意味で地域PRを担うだけに、自治体や商工会、観光協会などともさまざまな関わりが出てきます。魅力ある地域づくりや農村活性化を進めるためにも、可能な範囲で積極的に連携していきたいものです。

　また農家民宿を行っている農園は、開業後も保健所をはじめ、自治体担当課や消防などと行政的な関わりが出てきます。いつでも相談できるような関係づくりをしておきましょう。

　その他、体験時や滞在中に事故やけが、トラブルなどが発生した際には、警察や救急車、病院などとも関わりが出てきます。緊急の場合に備え、関係する機関の電話番号などは常に目の付く所に掲示しておき、連絡先などが変更になっていないか定期的に確認しておきましょう。

旅行会社や体験予約サイトとの連携も

　地域外から体験客を呼び込む手段として、旅行会社の活用があります。旅行会社はツアー客に対し、地域をPRし旅行のプランも立ててくれるので、「受け入れの準備だけしておけばいい」と負担軽減につながったりもします。ただし、契約の際は手数料やプログラムの提供方法など、受け入れ条件を明確に取り決めておくようにしましょう。

　最近では、インターネット上で体験観光の予約ができるサイトもあります（図）。農業体験に関心のある観光客は、このような予約サイトを通じて申し込むことも多くなっています。体験プログラムをサイトに登録するだけで済み、体験の販路拡大や予約受け付けの手間を軽減することができます。

　予約サイト運営企業は「どのようなプログラムにしたらより関心が高まるか」など、プログラムや体験メニューづくりのアドバイスなども行っています。

　このような企業と連携することで、集客法やプログラムのブラッシュアップなどを図ることができます。

図　さまざまな体験予約サイト

Ⅱ部
伝え方編

Q1　どんな人が農業体験を求めていますか。……………………36
Q2　伝え方の基本について教えてください。……………………38
Q3　年齢別の伝え方のポイントを教えてください。……………42
Q4　人気の体験メニューを教えてください。……………………44
Q5　農業用語をどう伝えたらいいですか。………………………50

（監修・執筆／㈱いただきますカンパニー　井田　芙美子）

Q1 どんな人が農業体験を求めていますか。

　教育、レジャー、癒やしなど農業体験が秘める可能性は多岐にわたり、さまざまな人が農業体験を求めているといえます。実際に私たち「㈱いただきますカンパニー」が関わっている人たちの様子を紹介します。

地域の学校〜授業との関わりで

　小・中学校の総合的学習の時間、生活科、理科、社会科、家庭科など、農業体験はさまざまな教科と関わりがあります。先生たちは日々の授業で忙しく、地域との連携を必要としていても、行動に移せていない場合があります。ボランティアで関われる場合は積極的に声を掛けてください。学校での授業は幅広い層に農業理解を深めていける絶好の機会です。

　いただきますカンパニーは、企業や農協から運営費をいただいて学校を訪れ、無料で農業体験（出前授業）を行っています。

地域外の学校〜修学旅行の民泊が人気

　修学旅行で農業体験に取り組むのは、主に道外の高校です。ただ農作業を体験するというより、農家との触れ合いや農家暮らしの体験を求めており、農家民泊の希望が多い状況です。農業体験を通して、職業や人生を考えるきっかけを提供したいものです。

　当社は民泊のコーディネートはしていませんが、農業機械メーカーやＩＣＴ（情報通信技術）農機の視察など、農業に関わる多様な分野に触れるツアーをコーディネートしています。

地域の親子連れ〜ＳＮＳなどで告知を

　農業体験には、日頃から食に気を付けている家庭が参加します。「子どもに食に関わる体験をさせたい」というわけです。地方で開催する場合は、参加者が固定していく傾向があります。メールやＳＮＳも活用して、地域に広く告知すると効果的です。

国内観光客〜首都圏の家族連れに注目

　当社では、食や農に強い関心がない人にどうやって畑ツアーに参加してもらうか、を考えてきました。そこで注目したのが毎年、首都圏から避暑で北海道に来る家族連れです。皆さん、「せっかくなら子どもに良い体験を」と考えています。最近は学校でも体験的な学習が増え、夏休みの宿題と

写真1　畑ツアーが避暑旅行の一環に

して「何か体験をしてくるように」と言うところもあるほど。「だけど何をしたらよいか分からない」という人たちに、その機会を提供するのはニーズに応えることだといえるでしょう。

その結果、首都圏在住の教育熱心な多くの家庭に来てもらえるようになりました（**写真1**）。私たちがツアーに来てもらいたいのは「今まで何気なく食べ物を選んでいた人たち」です。

そのような人たちがツアーに参加し、北海道の農業を知ることで、少しでも北海道産、国産を選んでもらえようになればうれしい限りです。ある程度、生活に余裕のある家庭の場合、ツアー参加後は消費行動も変わっていくと思っています。

海外観光客～雄大な風景に魅了される

最近では海外の人にもコンスタントに来てもらえるようになりました。そのほとんどがシンガポール、マレーシア、香港などアジアの国・地域から。

案内していて感じるのは、大都会の雑踏から離れた空間で、美しい写真を撮り、食を堪能したいという希望です。日々、都会のけん騒の中で暮らしている人にとって、北海道の雄大な農場で、ゆったりとした時間を過ごすことは何物にも代えがたいことなのでしょう（**写真2**）。私たちのツアーでは、仲間だけでゆっくり過ごせる貸し切りプランも用意しています。

農業体験の価値や魅力を違う視点から見ると、提供できる体験は同じでも参加者の層はグッと広がります（**図**）。

写真2　初めて泥遊びをするシンガポールの子どもたち。畑には笑顔にさせる力がある

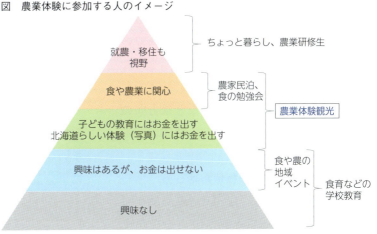

図　農業体験に参加する人のイメージ

Q2 伝え方の基本について教えてください。

人に何かを伝える時に大切なポイントがいくつかあります。ここでは特に、学校での授業と観光客向けの体験メニューを想定して紹介します。

大切なポイントは3つ

①大きな声ではっきりと

集団に向かって説明するときは、中間から後ろの人に声を届けるつもりで、大きな声ではっきりと話しましょう。初めに、「後ろの方、聞こえますか」などと聞いてみましょう。

一部の人の方だけ向かず、前後左右、視線を移しながら話をすると、興味を持って聞いてもらえます。どんなに良い話をしていても、聞き取れなくては意味がありません。

長過ぎる話も禁物。私たちの場合、1カ所で続けて話す時間は3～5分と決めています。1度、時間を計ってみることをお勧めします。また、一方的に話すだけでなく、時折、質問を投げ掛けるなど双方向の対話を意識すると、より楽しい時間になるでしょう。

②年齢や参加動機に合わせた話し方

相手の年齢や知識、住んでいる環境や参加動機などによって、どう伝えるかが変わってきます。

小学生の場合、学年によって言葉の理解力や集中力が違うので、年齢に応じた話し方や内容が重要です（詳細はQ3参照、42ページ）。その点についてのプロである先生に意見を聞いたり、進行を任せたりしながら進めるとスムーズでしょう。

一般客の場合、観光か視察か、本州からか道内からかなどが分からないときは差し支えない範囲で自己紹介してもらったり、雑談の中で探っていきます。

③目的を明確にする

こちらが何を伝えたいのかを明確にします。それをスタッフで共有し、話す内容を役割分担することで伝えたいことのストーリーがより明確になり、充実した内容になります。授業の場合は、どんな科目（生活、理科、社会など）の一環なのか確認しておくことが必要です。

伝える以上は、正しい知識を持つことが前提です。心配なことは事前に調べ、あいまいなことや間違ったことを話さないように十分気を付けましょう。

授業の場合

子どもたちにとって、生産者や農協職員

図1 「自分が太陽の方を向いて話す」ことが基本

写真1　小麦の粒を数える授業

写真2　原材料を考えるオリジナルのカードゲーム

写真3　播種板を持参し、播種機の説明

など学校外の地域の大人が来てくれる授業は新鮮で特別な事です。基本的には、大きな声ではっきりと話せば問題ありません。より充実した授業にするため押さえておいた方がいいポイントを紹介します。

■暑い時は日陰へ、寒い時は日なたへ

授業に入る時、子どもたちを並ばせることが多いと思います。外の場合は暑い、寒い、風があるなどの環境に十分注意しましょう。日差しが強い時は子どもたち全員が入れる日陰へ、寒い時は逆に日の当たる場所へ移動、適当な場所がない時は説明を短くするなど、臨機応変に対応します。聞いている人がまぶしくないよう、「自分が太陽の方を向いて話をする」のも基本です（図1）。

集中して話を聞けるかどうかは、話し方だけでなく、環境の影響も大きいことをぜひ知っておいてください。受け入れ経験がない場合は、担任の先生に相談しながら、話す人の立ち位置や子どもたちの並ばせ方を決めましょう。

■五感を使わせる

せっかく屋外で授業するなら、「実物を近くで観察する」「触る」「においをかぐ」など五感を使うよう促しましょう。

単に観察するといっても難しいので、絵を描く、定規で測る、比較するなど具体的な行動を促すとよりスムーズです。

■屋内なら小道具を

屋内での授業の場合、ただ話をするのは非常に難しいので、作物や農作業に使う道具などの実物、作業風景や商品などの写真を持参することをお勧めします（写真1、2、3）。

実際に触らせる、動かして見せるなど体験的要素を取り入れると、より楽しく学びの多い授業になるでしょう。

観光客の場合

観光で来る人は「余暇を楽しむため」ということが大前提です。交流がしたい、知識を得たい、体験がしたいなどの希望に一つ一つ沿うのは大変なこと。あらかじめこちらが何を提供できるか、を明確にしておくとトラブルが少なくなります。

■提供できることを明確に

当社の場合、昼食は畑で簡単なメニュー

図2 畑ガイド研修資料「お客さま目線・ガイドの対応ポイント」より

基本ガイドと対応ポイント
- 名簿を確認(参加者の名前やどこから来たか、参加動機など不明な場合は失礼のない範囲で聞く)
- 関係性を決め付けない
- 参加者全員と話をする
- 案内、歩く速度の配慮
- 立ち位置(聞き取りやすい、太陽の向き)
- 表情(笑顔、目線)
- 大きな声でゆっくり話す
- 足元への配慮(段差や滑りやすい所には特に注意を払う、手を引くなど)
- 話を聞いてみる(経験や思い出、地元情報などを質問)
- 体調・体力への気配り
- トイレへの配慮
- 引き立てる、ほめる、感謝する

（吹き出し）「ご夫婦だと思ったら違った」「お母さん、と呼んだらお友だちだった」など、関係性を思い込んで声掛けすることで失礼に当たる場合があるので気を付けましょう

（吹き出し）ついつい、前にいる方や質問の多い方と会話をしてしまいがちなので、空き時間はその他の方に声掛けするように意識します

年配者への気配りと対応ポイント
- 長靴に履き替える際の補助(肩を貸す、いすを準備するなど)
- 活躍の場をつくる
- 昔の話を引き出す
- 話に付き合い過ぎないように注意
- 休憩ポイントをつくる(腰掛けられる場所など)

（吹き出し）知識や経験はぜひ共有していただきたいが、独演会になってしまうと他の参加者が楽しめなくなるのでバランスに注意する

外国人への気配りと対応ポイント
- 相手の国の言葉であいさつををする(どこから来たかを確認する)
- 守ってほしいルールは明確に伝える。守られていない人に対しては毅然(きぜん)と注意する
- 絵や写真を用いて、簡単に説明する
- 日本人のお客さまと一緒に案内する際、特別扱いしない

カップルへの気配りと対応ポイント
- 撮影ポイントを多めにつくる、撮影を多めにする
- 空気を読む(二人で会話を楽しんでいるようであれば、ガイドは控えめに対応)

子どもへの気配りと対応ポイント
- 子どもと目線を合わせて、笑顔で自己紹介する
- 年齢に合わせた言葉で語り掛ける
- 五感を使う体験を折り込む
- 子どもの発言・発見を逃さず復唱する

（吹き出し）子どもに慣れていないガイドも対応できるようにつくったマニュアルです。ぜひ実行してみてください

しか出していませんが、農村レストランだと思って来た人とトラブルになったことがあります。トイレは仮設であること、昼は外で簡単な料理を食べることなど、明確に伝えておく必要があります。

■簡単なイラストを用意する

また子連れ、若者、年配者、外国人など、来る人に合わせて、ポイントを押さえた対応をすると、より楽しんでもらえるでしょう。図2のいただきますカンパニーの畑ガイド研修で使用している資料を参考にしてください。

当社では外国人や子どもなどさまざまな人に農業を理解し楽しんでもらうため、農場ごとにイラストを使った簡単な案内ファイルを用意しています（図3〜6）。ちょっとした道具があることで、誰でも一定の案内ができるようになります。

図3　耕起〜収穫の写真（英訳付き）

図4　輪作の概略図（英訳付き）

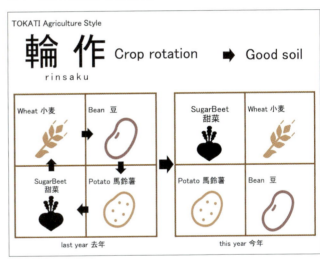

図5　馬鈴しょ「男爵」の説明イラスト（英訳付き）

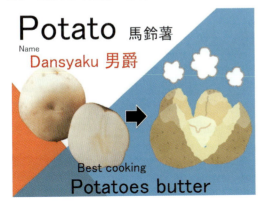

図6　小麦「ゆめちから」の説明イラスト（英訳付き）

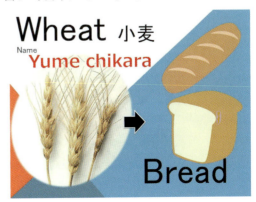

Q3 年齢別の伝え方のポイントを教えてください。

小学生（低学年、中学年、高学年）向けと、中学・高校生向けの説明のポイントと、各学年の学習内容をまとめました。説明する時の参考にしてください。

小学生向け

■低学年～説明は短く、簡単に

低学年、特に1年生の春は、まだ幼稚園児や保育園児のようなものです。じっとして話を聞くだけでも大変なこと。説明は「短く簡単に」が基本です（写真1、2）。

大人なら言葉で説明できてしまうことも、実際に触ったり、数えたりすることで理解や集中力につながります。何をするにも時間がかかるので、大人の感覚の2倍の時間を予定しておいてください。

【低学年向きのテーマ】
・種をまいて芽が出て実が成る
・作物を育てる喜びを知る

■中学年～農業を産業として理解

中学年は、理解力が高まり、授業時間数にも少し余裕がある時期です。「ギャングエイジ」とも呼ばれる多感な時期のため、落ち着かない雰囲気のクラスもあるかもしれませんが、先生の協力を得ながら進めましょう。

体も大きくなり、草取りなどの作業は張り切って行います。

個人差も出てくるので、ついていけない子には個別に声を掛けてあげるとよいでしょう。

低学年は「植物」という理解でしたが、中学年になると「産業としての農業」を理解できるようになってきます。

写真1　1年生のいも植え体験。できるだけシンプルに伝える

写真2　子どもと視線を合わせて笑顔で話すのが基本

写真3
音更小学校5年生の生協カタログを使った授業。カタログから地元産食材を切り抜くことで、高い食料自給率を実感。地域にも誇りを持てる

【中学年向きのテーマ】
・農家の暮らし
・昔の道具

■高学年～農家や農協の仕事を紹介

　大人が想像するより難しいことを学校で習い始めます。表面的な体験から一歩進んで、日常の学習につながるような投げ掛けをしてあげることができれば、より充実した時間となるでしょう（**写真3**）。

　キャリア形成につながるよう、農家や農協など自分の仕事や、仕事に取り組む姿勢について紹介するのも喜ばれます。

【高学年向きのテーマ】
・おしべ・めしべなど植物の構造
・食品の選択基準（地産地消、食品表示）
・キャリア教育

表　学習段階一覧

学　年	学習内容
小学1年生	あさがおの栽培
小学2年生	野菜の栽培（ミニトマトなど） 長さ（mm、cm）
小学3年生	昔の暮らし、ローマ字（アルファベット） 太陽の光（影）、方位
小学4年生	天気と気温、水蒸気 都道府県、ヘクタール
小学5年生	日本の農業（食料自給率）、百分率（％） 植物の発芽と成長、結実（種子、受粉）
小学6年生	地層、温暖化 日本と世界の関わり
中学・高校生	世界地理（首都） キャリア教育

※地域や年度によって異なる場合があります

中学・高校生向け

■経験を基に、働く意義を伝える

　「働くとはどういうことか」を、自身の経験を通して語ってほしいものです。

　農業や北海道には大きな可能性があると感じてもらうことができれば、都会に出たとしても、いつか地元にUターンしてくれるかもしれません。

学年別の学習段階を知ろう

　都道府県名や食料自給率など、ふと口にする一般常識も、子どもたちはまだ知らない場合があります。

　食農教育に関わりがありそうな学習内容を**表**にまとめました。参考にしてください。

Q4 人気の体験メニューを教えてください。

これまで実施した中で、特に喜んでもらえた体験メニューを紹介します。収穫体験や調理体験以外にも、人気のメニューはあります。皆さんの受け入れの中に、ぜひ取り入れてみてください。

定番の収穫体験

これはどんな作物でも、どんな人にも楽しんでもらえます（**写真1、2**）。ただ天候や時期によって収穫できない場合があり、「必ず収穫させてあげよう」と思うと受け入れ側の負担が大きくなります。

そのため私たちのツアーでは、収穫体験とは言わずに「農場ピクニック」という名称で、「散歩＋そこで食べる」を売りにしています。もちろん、収穫できることは大きな喜びなので、無理なく続けられる仕組みをつくれるといいですね。

いも団子などのシンプル調理体験

自分で収穫した物をその場で調理すると

写真1　馬鈴しょの収穫体験

写真2　みずなの収穫体験

写真3　ピザづくり

レシピ1

いも団子のつくり方
(How to make potato dumplings)

1. マッシュポテトをつくります
   (We make 'mashed potato'.)
   ① 皮をむく（peel）
   ② 塩ゆで（boil）   **熱々**のうちに
   ③ つぶす（mash）   (still being **hot**)

2. いも団子をつくります
   (We make 'potato dumpling'.)
   ①片栗粉を混ぜる（ジャガイモの３０〜５０％）
   (mix potato & starch 〈starch=30-50% of potato〉)
   ②こねてまとめる（固さは、ゆで汁で調整）
   (knead & gather up 〈hardness with boiled juice〉)
   ③いも団子の形をつくる（厚さは１cmくらい）
   (the form of potato dumpling 〈1 inch of thickness〉)

3. 焼く (We burn the potato dumpling.)
   ①フライパンに**多め**の油を入れる
   (**rather much oil** into the frying pan.)
   ②両面がキツネ色になるまで焼く
   (burn…both sides, light brown)

4. たれをつくる（We make sauce.）
   「砂糖：しょうゆ＝２：１」を混ぜる
   (mix sugar & soysauce with 2 to 1.)

レシピ2

カッテージチーズのつくり方
(How to make cottage cheese)

1. 牛乳を**６０℃**に温めます
   （※低過ぎると固まらず、高過ぎるとぼそぼそに）
   (warm the milk to **140°F.**
   ※Not OK=too low & too high)

2. 酢（or レモン汁）を入れます（※牛乳の６〜１０％）
   さっと混ぜて、５分ほど置きます
   (put vinegar 〈or lemon juice〉 ※6-10% of milk
   mix quickly & put for a while)

3. できたチーズを水洗いします
   ①ガーゼでこす
   ②ガーゼごと水に入れ、３〜４回振り洗いする
   (filter cheese through gauze, wash cheese in water)

4. できたチーズを**優しく**絞り、完成。
   お好みで塩（チーズの１％）を混ぜても OK
   （※絞り過ぎるとぼそぼそチーズに）
   (squeeze cheese **kindly** ※Not OK=too much
    add salt 〈1% of cheese〉 for preference)

写真４　馬鈴しょ品種の食べ比べ

いうのは、とても思い出に残る体験になります。準備や片付けが大変ですが、教育旅行や社員研修で要望があります。あまり凝ったものよりも、素材の味を生かしたシンプルな料理、昔から地域でつくられている料理、地域の人が日頃食べている料理が喜ばれます。

いも団子（**レシピ１**）、ピザ（**写真３**）、フライドポテト、みそ、カッテージチーズ（牛乳豆腐、**レシピ２**）などがお薦めです。

試食〜ぜひ食べ比べも

自分で調理しなくても、実際に生産現場を見たり体験したりした後に、そこで取れた物を食べるのは格別。違う品種などを数種類用意し、食べ比べしてもらうと、違いがより鮮明に分かります（**写真４**）。

私たちのツアーでは、菜の花畑を案内した時に、地元産の菜種油とオリーブオイル、サラダ油を食べ比べてもらい、原料や製造方法の違いなどについて説明します。それによって価格の違いを理解してもらうこともできます。

生で食べてみる

菜の花やトウモロコシ、ほうれんそうなどの葉物野菜、かぶ、にんじんなどは多少であれば生で食べても問題ありません（**写**

写真5 菜の花をパクリ

写真6 ピーマンを生のままガブリ

クラフト体験～雨天もOK

雨天時の代替メニューとして、形に残るお土産をつくるクラフト体験は人気です。農家の生活と関わりがあり、持ち帰りやすい物がよいでしょう（**写真7～9**）。

野良いも抜き～輪作の概念も

小麦畑に咲くジャガイモの花…。生産者にとってはうれしくない風景ですが、一般の人に対しては輪作の概念を説明する良い機会になります。

私たちのツアーでは説明素材としてあえて残しておく場合もあるほど。可能であれば、その場でぜひ抜かせてあげてください。特に子どもたちは喜んで抜き続けるでしょう。案内ついでに防除ができれば一石二鳥です。

家庭菜園の見学＆つまみ食い

農家の自宅周りにはたいてい家庭菜園があります。出荷用に作物を栽培する畑は1

真5、6）。ぜひ畑でそのまま試食してもらいましょう。

安全・安心や味だけではなく、どこで誰と食べたかというのも、良い思い出になります。ぜひ感動的なシチュエーションで食べて、地元農産物のファンになってもらいたいものですね。

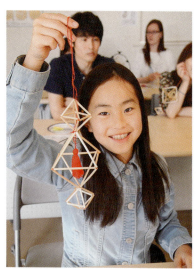

写真7 小麦の茎にひもを通して幾何学状のモビールにする「ヒンメリ」づくり

写真8 豆をストラップやイヤリング、ピアスに

写真9 ハロウィン時期にはかぼちゃのランタンづくりも

枚の面積が広く、隣の畑まで何百メートルもあることは珍しくありません。一方、比較的狭い面積の家庭菜園では一般の人にもなじみのある野菜が多く植えられています。なすやきゅうり、トマトがどのように成っているのか知らない人も多いので、ぜひ見せてあげてほしいものです。

そして許されるのであれば、そこから少しつまみ食いをさせてあげると、その旅一番の思い出になるでしょう。

農家の趣味を披露する

農家の皆さんはステキな趣味を持っている人が多く、いつも驚かされます。写真撮影や水彩画などで「日々の畑の移ろいを残したい」という感性に、都会の人たちは精神的な豊かさを感じることでしょう。「趣味のそば打ちをするためにそばを植えた」という話に、カルチャーショックを受けること間違いなし。

「場所があるから」と敷地内にゲストハウスを建てたり、カラオケボックスをつくったり、馬を飼ったり…。信じられないようなことを趣味として簡単に実現してしまう農家の姿は、一般の人に今後の生き方を考えさせるきっかけになるかもしれません。

自分の趣味を披露するのは気恥ずかしいかもしれませんが、体験に訪れた人とぜひ共有してみてください。きっと喜ばれます。

かわいい形のいもを探す

秋になると、でん粉原料用として畑の一角に積まれるいもの山（**写真10**）。「あれはどうなるんだろう」「捨ててしまうの!?」と思う人が多くいます。小さい物、傷が付いた物、形の悪い物など生食用としては出荷できない馬鈴しょもでん粉原料として無駄なく使われていることを紹介すると農業の奥深さを感じることでしょう。そもそも農業に"捨てる"という感覚はなく、「食べられない物は畑に返す」ということもきちんと伝えなくてはいけません。

人気がある体験は、ハート形のいも探し（**写真11**）。「いもの山から見つけた人にはご縁があるかも」などと言いながら楽しく探しましょう。

トウモロコシの花粉を振る

トウモロコシ畑では、「雄花はどっち？」「雌花はどっち？」というクイズから

写真10　畑に積まれたでん粉原料用馬鈴しょの山

写真11
ハート形のいも探しは人気

写真12　トウモロコシの雄花を振って花粉を見せよう

いつも始めます。おしべ・めしべは5年生の理科で習うので、小さい子には難しいかもしれません。ただ分かっていない大人も多いので、ぜひ質問してみてください。

受粉時期であれば、雄花（**写真12**）を揺らして花粉を見せてあげます。百聞は一見にしかず。「違う品種は（交雑しないよう）離して植えなければならない」ということも、実際に花粉の飛散を見ることで初めて理解することができます。

テントウムシを数える

大人向けに少し深い話をしたいけれど子どもが飽きてきた…。そんな時には「テントウムシを数えてごらん」の一言で、子どもは夢中になります。

農家にとってうれしい虫（アブラムシを捕食するテントウムシなど）とうれしくない虫（アブラムシなど）がいることも、伝えることができるでしょう。

小麦の粒を数えてみる

小麦の粒を数えることで、一粒の種からいかにたくさんの種ができるかを実感することができます（**写真13**）。稲も同様です。

農家も成長の具合を確認するために実際に数えていること、その粒数が収量に影響すること、多過ぎても良くない（登熟しない）こと、肥料の量や施肥時期によって粒数が異なってくることなどを伝えると、農家の仕事の専門性の高さに驚く人が多いものです。

豆のさやを開ける

豆にさやが付いたら、ぜひ中を開いて見せてあげてください（**写真14**）。どんな豆も、若い時はサヤインゲンのようだし、太ってくると枝豆のよう。熟してきても水分が多いと色が薄く大きく、乾燥すると見慣れた豆になる…。

農家にとって当たり前のことも、一般の人はそんなことなど一度も考えたことがないものです。

写真13　小麦の粒を数えてみよう

写真14　畑で豆のさやを開けてみる

ついつい夢中になる「豆より」

欠けた豆やくず豆を取り除く作業「豆より」。単純作業をする機会が少ないからなのか、意外に皆さん夢中になります。「よった豆はプレゼント！」と言えば、さらにスピードアップ間違いなし。

収穫してからも農業には、商品にするまでにさまざまな過程があることを知ってもらえる体験です。

てん菜を煮詰める

土まみれの大きなかぶ（てん菜）が、ぶどうの「巨峰」ほど甘いなど、どんなに説明されても納得がいかないものです。しかし、そのかぶを煮詰めて味見をすると納得です。そして砂糖の製造工程を想像することができるようになります（**写真15**）。

白い砂糖も農家が育てた畑の実りであることを知っておいてほしいですね。

ペットとの触れ合い

人懐っこいペットがいれば、時間を忘れて遊ぶ人たちはけっこういます。住宅事情や核家族化で飼いたくても飼えない人が多いのでしょう。動物好きのツアー客によく聞かれるため、ツアーでお世話になる農場

にはそこのペットの名前と年齢を確認しています。一番良いホスト役かもしれません。

フキを傘にして写真撮影

ラワンブキでなく普通に生えている、傘になる程度の大きさのフキも本州の人にはとても珍しいようです。フキを取っても構わない時は、ぜひコロポックルのように傘にして写真を撮ってあげてください。年賀状の1枚になるかもしれません（**写真16**）。

農業体験に限らず、農場にあるもの、見えるもの全てが、訪れる人にとってはかけがえのない非日常といえます。交流を深める中で、自分たちが住んでいる所の魅力にもどんどん気付いてもらえるのなら、こんなうれしいことはありません。

写真15　てん菜を煮詰めて、甘さを実感

写真16
大きなフキの葉と記念写真

Q5 農業用語をどう伝えたらいいですか。

　農業体験で生産者から直接話を聞くと、農業に関する情報だけでなく熱意や希望、苦労なども伝わってくるので、参加者の満足度は非常に高くなります。ただ、しっかり意味を理解できていない場合も多く、参加者は「どういうことだろう」と思いながらも質問できずにいることがあります。農家の皆さんも「何が専門用語で、何がそうでないのか」は分かりにくいと思いますので、時には「この言葉分かりますか」と聞いてみるのも一つの手です。

　専門用語でなければ正確に説明できない場合もありますが、一般の人には正確性よりも分かりやすさを優先した方が理解してもらえます。相手に理解してもらえる言葉を使って説明してみてください。

基本編

■圃場（ほじょう）

　農家には当たり前の言葉ですが、「圃場」と言われてピンとくる人は少ないもの。「田んぼ」「畑」などの言葉に置き換えて話をしましょう（写真1）。

■作物の名前

　農場ツアーでは、馬鈴しょは「ジャガイモ」、小豆（しょうず）は「アズキ」と呼んでいます。スイートコーンに関しては、生粋の道産子

写真1　菜種の栽培圃場。説明するときは「菜の花畑」など分かりやすい言葉で

写真2　いきなりトウキビと言わず、「北海道ではトウモロコシのことをトウキビと呼びます」と説明を

写真3　馬鈴しょではなく「ジャガイモ」など分かりやすい言葉で

写真4　小麦などの畑作物は北海道農業を支える重要な原料作物であることも伝えたい

の私としては「トウキビ」を譲れないのですが、こう言うと「サトウキビ」と勘違いをする人がほとんど。そのため、「北海道ではトウモロコシのことをトウキビと呼びます」と前置きしてから使うようにしています。またはスイートコーンで統一しましょう（写真2）。ついつい馬鈴しょなど普段の呼び名が出てしまう人は、「馬の首に付けている鈴に似ているから馬鈴しょと呼ばれるようになった」など、先に一言説明を加えてあげると、よりスムーズに理解してもらえることでしょう（写真3）。

■畑　作

畑で作物をつくること。また、その作物。小麦畑に咲くジャガイモの花を見ながら、去年は違う作物が植えられていて来年はまた違う作物が植えられること、だから十勝にいるのは小麦やジャガイモだけをつくる農家ではなく、「畑をつくる畑作農家なのです」と話すと、ツアー参加者は納得した表情になります。

高価格で取引される作物にスポットライトが当たりがちですが、北海道農業の基盤を支えているのは、てん菜、豆、馬鈴しょ、小麦などの原料作物です。畑を訪れる人に必ず伝えることの一つです（写真4）。

■飼料用作物

一般の人は、家畜の飼料（餌）をわざわざ生産しているという感覚がありません。牧草畑を空き地だと思っている人が多いほ

どです。

牧草を包装して発酵させるラップサイレージは牛の餌にすること、「デントコーン」は飼料用のトウモロコシでスイートコーンのように甘くないことなども、当たり前のことと思わず、丁寧に説明してあげてください。

■町・反

面積を表すのによく使う「町（1町＝約1ha）」「反（1反＝約10a）」ですが、それを聞いたこともない人は多くいます。そのためツアーでは基本的に「ha」で伝えています。

それだけでは広過ぎてイメージが湧かないので、広さが想像できるような例えを用います。お決まりなのは「東京ドーム〇個分（1個＝約4.5ha）」です。私のお気に入りは、実際に歩いたことがある人が多くイメージしやすい東京ディズニーランド（約50ha、ディズニーシーも入れると約100ha）。お客さまの居住地に合わせ札幌ドーム、名古屋ドームなどと使い分けると、より分かりやすくなります。

その他、1haを「100m×100m」と表すのも効果的。相手に身近な物に置き換えてあげるのがポイントです。自分なりの"鉄板ネタ"を持つといいですね。

栽培編

■播種

初めて「はしゅ」と聞いても、何のことか分かりません。わざわざ専門用語を使う必要はないので、「種まき」と言ってあげるとすぐに理解してもらえます。

■畝間・株間

そもそも、一般の人は「畝」と「株」が分かりません。畝は畑で作物をつくるために細長く直線状に土を盛り上げた所で、株は作物の個体（または、ひとまとまり）です。実際の畑を見せながら、「これが株でこれが畝」と教えてあげるのが一番です。

畝間（畝と畝の間隔）、株間（株と株の間隔）を狭めたり広げたりすることによって作物にどのような影響があるのか（畝間や株間が広いと個体は大きくなるが、面積当たりの収量は減ることがある、など）伝えると、農業の奥深さをより感じてもらうことができるでしょう。

■移植・定植

会話の中で自然と使ってしまう専門用語の一つですが、一般には説明がないと全く理解できません。

「小さいうちは環境の整ったハウスの中で苗を育てて、大きくなったら広い畑に植え替えることだよ」と、簡単に説明してあげましょう。

なんでそんな面倒なことをするの？という疑問には、「丈夫な苗ができると、畑に植えてからも丈夫に育つんだよ」など、理由も答えると、より農業への理解が深まります。

■補植

機械で植えた後で枯れてしまうなどして空いてしまったスペースに人の手で苗を植え直していく作業です。機械化された現代農業の中でも、人の手で続けられている作業の一つではないでしょうか。広大な農地を管理する大変さを知ってもらえる用語の一つです。

写真5　輪作の概念図など小道具を使いながら説明すると、スッと理解しやすくなる

■培　土

　株元に土を寄せる作業ですが、「作物が倒れるのを防ぐ」「ジャガイモが土から出て青くなるのを防ぐ」など、その訳も添えて説明することで理解が深まります。説明を聞いた人が他の人にも披露したくなる豆知識を盛り込みたいものです。

■輪　作

　地力を維持し病虫害を避けるため、同じ土地に性質の異なる作物を一定期間、間隔を置いて周期的に栽培することです。しかし家庭菜園の経験がない人にとって、輪作というのはとても分かりにくい概念です。

　野良生えで小麦畑に馬鈴しょの花が咲いている、同様に馬鈴しょ畑に小豆が生えている─それは私たち畑ガイドにとって格好の素材となります。農家さんには申し訳ないのですが、取らずにそっと残しておきます。野良いもを見ながら輪作の概念図を見せると、スッと理解できます（**写真5**）。話だけではなく、実物や図、写真など理解を助ける小道具も、時には重要です。

■野良いも

　収穫漏れした馬鈴しょが越冬し、雑草化する「野良いも」。小麦畑に生えている野良いもは、前述の通り格好のガイド素材です。皆さん、野良猫という言葉にはなじみがあるので、説明するとすぐ理解してくれます。

　農家にとって野良いもは厄介者ですが、輪作、温暖化、土づくりなどに話を広げていく上でこれに勝る素材はありません。

■防　除

　「防除」を広辞林で調べてみると、①災いなどを防ぎ除くこと②農業害虫や病害の予防および駆除─とあります。私が初めて「防除畝（次ページ**写真6**）」という言葉を耳にした時、「ボージョウネー？」とフランス語と間違えたほど、一般にはなじみのない言葉です。

　「防除＝農薬散布」だと思っていました

写真6　小麦畑の防除畝も一般の人にはほとんど分からない

が、農家さんと会話するうちに「化学的防除」「耕種的防除」「物理的防除」「生物的防除」などの手法を組み合わせて被害を抑えることだと知りました。さまざまな手法を組み合わせながら、広大な畑を少人数で管理する姿を見てもらうことは、農家と消費者が相互理解していくための第一歩だと感じています。

土づくり・資材・機械編

■暗きょ・明きょ

「こんなことに？」と思うかもしれませんが、意外に興味を持たれるのが畑の排水の仕組みです。広大な農地の地下に排水路が張り巡らされているなど想像もつきません。

畑の排水を良くするために地下に埋めた吸水管が「暗きょ」、地上に設ける排水路が「明きょ」です。明きょが見えた時、興味を持った人には説明するようにしています。

写真7　馬鈴しょなどの主要作物は都道府県が原種や原々種をつくっている

基盤整備によって排水の仕組みが整い、作物の収量や品質が安定し、作業効率も向上。それによって安定的に農産物を供給できることなどを説明します。「農業に使われる税金の意味」を、基盤整備を通じて知ってもらうのも重要だと考えています。

■原　種

種子をどうやって調達しているのか、考えたこともない人がほとんどです。外国から購入している種子もありますが、米・麦・大豆・馬鈴しょなどの主要作物は、都

写真8
小麦のコンバイン。機械の名前の由来と役割を関連付けて説明する

写真9
ポテトハーベスタの実物を見ながら説明

道府県で種の種(原種)、さらにその種(原々種)までつくり、守られているということを伝えていきたいものです(**写真7**)。

■べた掛け資材

作物を寒さや霜、病害などから守るべた掛け資材の「パオパオ」は、"響きのかわいい農業用語"第1位です(いただきますカンパニー調べ)。

「べた掛け」は農家には当たり前の言葉ですが、作物に直接掛けて温かさを保つものであることに加え、農薬を使わずに病害虫から作物を守る手法の一つであることもぜひ伝えてください。

■農業機械

機械にあまり興味のない人、特に女性にとって農業機械のカタカナ用語は非常に分かりにくいものです。

「コンバインは"組み合わす"を意味する英語のコンビネーションから来ており、収穫と脱穀を一度にする機械」「ハーベスタは"ハーベスト"つまり"収穫"する機械」など機械の名前の由来と役割を関連付けて説明すると理解が早まります(**写真8、9**)。

プラウ、ハロー、スプレーヤなどの専門用語は耕起、整地、防除などの日本語で説明しましょう。

サブソイラ(心土破砕機)やディガ(掘り上げ機)は農作業自体を理解するのに時間がかかるので、急ぎの場合はあえて説明しない方がいいかもしれません。

■乾燥機

一般的に、小麦は農家あるいは地域にある乾燥機で「一次乾燥」した後、農協など

写真10 麦かんロール。分かりやすく「麦わらロール」と言い換えるのもお勧め

の乾燥施設に出荷し「仕上げ乾燥」をするという基本をきちんと説明しましょう。

　オーストラリアやアメリカなどの大産地は乾燥地帯にあり、畑で十分に小麦の水分が落とすことができます。しかし雨の多い日本では機械乾燥せざるを得ません。国ごとの環境の違いも説明するといいでしょう。乾燥機の個人所有・共同所有を決める判断基準もよく質問されます。メリットや違いも話せるといいですね。

■緑　肥

　都会の人には「草花や作物を肥料として育てる」ということがなかなか理解できません。輪作を主体とした土づくりを大切にしていることを伝えるためのキーワードが「緑肥」です。私はいつも"緑の肥料"と書いて緑肥（りょくひ）といいます。収穫せずに、畑の中に混ぜ込んで天然の肥料にしています」と説明しています。

　言葉だけ聞いてもイメージしにくいので、漢字を示すのも良い方法です。緑肥の効果やその理由など、難しくなり過ぎないように話すと興味を持つ人が多いので、ぜひ説明してみてください。

■麦かんロール

　畑に転がる麦かんロールは、北海道の風物詩です（**写真10**）。「あれは何だろう？」と思っている人も多く、牧草ロールとの違いについて話をします。

　麦かんロールは麦の穂を刈り取った後のわらをロールにしたもので、主に牛のベッドになること、一方、牧草ロールは牛の餌になることを説明します。また麦かんは堆肥と交換で酪農家や肉牛農家に運ばれること、牧草ロールはラップに包まれており、以前は牧草をサイロで発酵させていたが、ラップの中で発酵させるよう変わってきたこと、などを伝えます。

　説明を聞いた人は「なるほど！」という顔をします。地域では麦かんロールと呼ばれていますが、私は最近、分かりやすく「麦わらロール」と呼んでいます。

写真11　畑に積まれたでん粉原料用馬鈴しょ

写真12　小麦の穂発芽
（写真提供：道総研北見農業試験場研究部麦類グループ）

応用編

■でん原

「でん粉原料用馬鈴しょ」と言われて、ようやく理解ができます（**写真11**）。一般の人はでん粉原料がジャガイモだとはほとんど知りませんし、そもそも片栗粉をでん粉という言い方もしません。

ツアーでは、ジャガイモには市場で売られる生食用の他、種子、でん粉原料、加工などの用途があることを丁寧に説明するようにしています。

■穂発芽

北海道では小麦で問題になりやすく、収穫前の穂に実った種から発芽する現象です（**写真12**）。発芽すると品質が低下してしまいます。雨の多い日本で小麦を栽培することが難しい理由の一つです。

穂発芽しにくい新品種が農業試験場などで開発されている（63ページ参照）話をすると、品種改良の基準は味だけではないと気付く人も多いものです。

■農　協

「農協」という言葉はもちろん農家の皆さんは知っていますが、農家が出資し、組合長も農家であること、農家による農家のための団体なのだということは、意外と知られていません。農業者によって組織された協同組合です。

一般の人に「協同組合の精神」を理解してもらうには、やはり農家が助け合って生活を守り生産を向上させてきた現場を見てもらうのが一番だと実感します。

北海道協同組合通信社の本

好評発売中

北海道の施設野菜
風雪害に負けない構造と栽培技術のポイント

監修　川岸　康司

施設野菜をテーマに、風雪害に対応した、ハウス構造や土壌管理方法、主要作物ごとの栽培方法を解説。
またICTを活用した高度化技術や散乱光調節フィルムなどの新素材も紹介。施設の構造から栽培技術、総合環境制御まで、多面的に網羅した北海道発の本書、野菜生産者や技術関係者、指導者に必携の１冊です。

B５判　256頁
定価　本体価格　3,619円＋税

●ハウスの基本構造から、排水対策、風雪対策、低・高温対策まで、優良事例を交え詳細に解説。

●土壌管理・病害虫対策・養液土耕栽培等の共通技術から、果菜・葉菜・果実的野菜・洋菜等、作物別技術まで解説。

株式会社 **北海道協同組合通信社** 管理部

☎ 011(209)1003
FAX 011(271)5515

※ホームページからも雑誌・書籍の注文が可能です。http://www.dairyman.co.jp　e-mail　kanri@dairyman.co.jp

Ⅲ部
道内主要農産物

①水　稲……………木下　雅文 60
②小　麦……………大西　志全 62
③大　豆……………鴻坂扶美子 64
④小　豆……………奥山　昌隆 66
⑤いんげん豆………齋藤　優介 68
⑥馬鈴しょ…………大波　正寿 70
⑦てん菜……………池谷　聡 72
⑧にんじん…………田縁　勝洋 74
⑨たまねぎ…………杉山　裕 76
⑩かぼちゃ…………江原　清 78
⑪トマト……………大久保進一 80
⑫牧　草……………牧野　司 82
⑬飼料用トウモロコシ…出口健三郎 84
⑭生　乳……………谷川　珠子 86

（監修／道総研農業研究本部企画調整部長　安積　大治）

水稲

【Rice】イネ科 イネ属

ご飯、せんべい、団子、切り餅… 用途はいろいろ

うるち米（普段、ご飯として食べるお米）ともち米があります。日本では、うるち米の白米を炊いて「白いご飯」として食べるのが一般的ですが、炊き込みご飯やチャーハン、パエリアやリゾットなど、世界には多種多様な米料理があります。日本酒やみそ、せんべいの原料にもなります。

もち米は、おこわや赤飯をはじめ、切り餅や大福、おかきなどの加工品にもなります。また、粉にしたものは「フォー」など米麺や米パン、団子などの和菓子の原料となる他、

米粉からでん粉を取り出して、食用や工業用に使われることもあります。

主な品種、特徴

【うるち米】

▶ゆめぴりか
これまで品種改良を重ねてきた北海道米の技術の粋ともいえる、北海道を代表するお米。もっちりとした食感で甘みも強い。2016年作付面積2万858ha

▶ななつぼし
北海道で一番多くつくられているお米。味と食感のバランスが良く、いろいろな料理に合う。収量も多くつくりやすい。2016年作付面積4万9,606ha

▶きらら397
北海道米が全国的に有名になるきっかけをつくった品種。粒感がしっかりしているので、丼やピラフなどに向く。2016年作付面積1万623ha

▶ふっくりんこ
道南生まれで、道南と空知の一部の産地限定で大切につくられている。艶がありふっくらとした食感。2016年作付面積6,828ha

▶きたくりん
稲の病気に強いので、少ない農薬で安定してつくれる。軟らかく粘りもあるお米。2016年作付面積3,090ha

▶おぼろづき
強い粘りが特徴のお米で、冷めても硬くなりにくい。2016年作付面積3,085ha

【もち米】

▶風の子もち
北海道で最も多くつくられている、寒さに強く収量の多いもち米。軟らかさ、粘りが長持ちするので、赤飯や大福などに向く。2016年作付面積3,209ha

▶はくちょうもち
北海道を代表するロングセラーのもち米。軟らかさ、粘りが長持ちするので、赤飯や大福などに向く。2016年作付面積2,477ha

▶きたゆきもち
軟らかさ、粘りが長持ちすることに加え、白さが特徴。特に寒さに強く、安定してつくれる。2016年作付面積2,111ha

ゆめぴりか（左）とななつぼし

収穫量の都府県比較（2016年）

北海道は全国2位で、収穫量は57万8,600tです。1位は新潟県で67万8,600t、全国では804万2,000tが収穫されています。

①新潟県　②北海道

北海道の水稲収穫量対全国シェア

都府県 746万3,400t　北海道 57万8,600t

7.2%　全国 804万2,000t　92.8%

資料：農林水産省「平成28年作物統計調査」

栽培の流れ

4月に種まきをしてビニールハウスで苗を育てます。苗は5月に田植えします。田んぼでは稲の生育に合わせて水の深さを調節し、病気や害虫の予防・防除も行います。7～8月にかけて花が咲き、9～10月に収穫します。

	3月	4月	5月	6月	7月	8月	9月	10月	11月
種まき（播種機）		●―――●							
病害虫防除（農薬、散布機）				●――――――――●					
育苗（ビニールハウス）		●―――●							
収穫（コンバイン）							●―――●		
田植え（田植え機）			●―――●						
出穂（穂が出る）・開花						●―●			

※かっこ内は使う機械や施設

種まきする時のもみ（催芽もみ）

ビニールハウスで苗を育てる（育苗）

田植え

旬と保存方法

旬（新米の時期）は10～11月。常温保存できますが、なるべく温度の低い場所に保管して、精米後、早めに食べるのをお勧めします。

栄養成分の特徴

体のパワーの源となるでん粉が主体ですが、タンパク質や脂肪、ビタミンB_1やビタミンE、亜鉛、鉄、カルシウム、食物繊維などの栄養素もふんだんに含まれています。

北海道の主な産地と収穫量（2016年）

空知地域と上川地域での栽培が多く、この2地域を合わせると全道の収穫量の約75％を占めます。収穫量トップ10の市町も全て空知、上川地域です。

資料：農林水産省「平成28年作物統計調査」

①岩見沢市		36,800t
②旭川市		36,600t
③深川市		31,300t
④新十津川町		20,500t
⑤名寄市		20,300t
⑥美唄市		19,900t
⑦士別市		15,100t
⑧当麻町		14,700t
⑨沼田町		13,900t
⑩鷹栖町		13,600t

column 研究・開発の取り組み

おいしくてたくさん取れる品種を開発中

今の品種よりもっとおいしいお米や、外食向け、もち米、日本酒用のお米など、それぞれの用途に向く品種、収量が多くて寒さや病気にも強い品種などの開発を行っています。また、おいしいお米をたくさん取る方法や、種を直接田んぼにまいて育てるなど、少ない労力で栽培する方法も研究しています。

品種開発のための交配

おいしさを比べる食味官能試験

道内主要農産物 2

小　麦　【Wheat】イネ科 コムギ属

国産小麦のうち約7割が北海道で生産！

　小麦は製粉して小麦粉にした後、パン、うどん、ラーメン、パスタ、クッキー、ケーキなどいろいろな食品に加工されます。

　雨の少ない乾燥地帯に適した作物ですが、雨の多い日本でも栽培できるように品種改良されてきました。北海道は小麦の一大産地で、国産小麦のうち約7割が北海道で生産されています。

　秋に種をまく「秋まき小麦」と、春に種をまく「春まき小麦」に大きく分けられます。

　最近では、新しい品種の登場などにより北海道産小麦への期待が高まっています。

主な品種、特徴

　小麦粉は、含まれるタンパク質の量と性質の違いから、強力粉（タンパク質が多い）、中力粉（タンパク質は中程度）、薄力粉（タンパク質が少ない）に分類されます。強力粉はパン、ラーメン、パスタ、ギョーザの皮、ピザなど、中力粉はうどんなど、薄力粉はクッキー、ケーキ、天ぷら、お好み焼きなどに使われます。

【秋まき小麦】

▶きたほなみ
うどん向きの秋まき小麦。うどんにした時の食感や色が優れ、うどんを中心に主に麺類に使われる。日本で一番生産量の多い小麦品種。2016年作付面積9万2,185ha

▶ゆめちから
パン、ラーメン向きの秋まき小麦。タンパク質の量が多く、「きたほなみ」など他の小麦とブレンドしてパン用に使われるほか、ラーメンやパスタにも使われている。変わったところではしょうゆの原料の一部としても使われている。2016年作付面積1万1,787ha

きたほなみ

ゆめちから

【春まき小麦】

▶春よ恋
パン、ラーメン向きの春まき小麦。タンパク質の量が多く、品質の良いパンができることから国産のパン用小麦として高い人気と知名度がある。ラーメンにも使われている。2016年作付面積1万3,328ha

▶はるきらり
パン、ラーメン向きの春まき小麦。生産者が育てやすいように畑で倒れにくく改良された品種。2016年作付面積1,582ha

収穫量の都府県比較（2017年）

　北海道は全国1位です。2017年の北海道の収穫量（60万7,600t）は、全国収穫量（90万6,700t）の約67％を占めています。

①北海道

北海道の小麦収穫量 対全国シェア

都府県 29万9,100t　33%
北海道 60万7,600t　67%
全国 90万6,700t

資料：農林水産省「平成29年作物統計調査」

栽培の流れ

秋まき小麦の最大の特徴は、秋に種をまき、草丈が10ｃｍ程度に成長した後、雪の下で冬を越すことです。氷点下でも小麦は枯れることはなく、雪が解けると再び成長し始めます。一方、春まき小麦は4月に種をまき、秋まき小麦より少し遅れて収穫します。

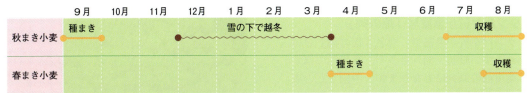

秋まき小麦の種まき（9月）

雪が解けて姿を現した秋まき小麦（4月）

大型コンバインを使った収穫（8月）

旬と保存方法

秋まき小麦は7～8月に、春まき小麦は8月ごろに収穫され、通年で小麦粉に加工・販売されます。購入した小麦粉は直射日光の当たらない場所で、密閉できる容器に保管します。

栄養成分の特徴

小麦を加工した小麦粉の成分は、主にでん粉などの炭水化物とタンパク質です。量は少ないものの、ミネラル、ビタミン類なども含んでいます。

北海道の主な産地と収穫量（2017年）

音更町、帯広市、芽室町、幕別町などの十勝地方と、北見市、大空町、網走市などのオホーツク地方が主な産地です。

資料：農林水産省北海道農政事務所「平成30年度農林水産統計公表資料」

①音更町		45,700t
②帯広市		41,600t
③芽室町		40,400t
④幕別町		26,400t
⑤岩見沢市		24,100t
⑥北見市		23,100t
⑦大空町		20,000t
⑧網走市		18,900t
⑨小清水町		17,600t
⑩清水町		16,400t

column　研究・開発の取り組み

穂発芽しにくい品種選び

小麦は雨の少ない乾燥地帯の作物なので、収穫直前に畑で雨に当たると、穂の中の小麦の種は、土の中にいると勘違いして芽を出してしまいます（穂発芽）。芽が出てしまった小麦は品質の悪い小麦粉にしかならないので、穂発芽は大きな問題です。このため、実験室で収穫直前の雨を再現して、穂発芽しにくい小麦の品種を選んでいます。

収穫前に発芽してしまった小麦（穂発芽）

水をかけて人工的に穂発芽を再現（左端が穂発芽しやすい品種）

道内主要農産物 3

大　豆

【Soybean】マメ科 ダイズ属

和食に不可欠な食品原料
タンパク質が豊富な「畑の肉」

　タンパク質が豊富で、別名「畑の肉」といわれます。脂肪（油）も多く、食用油のほか工業用油の原料にもなります。中国などの東アジアが起源とされ、5,000年前から栽培されていたようです。

　現在は世界中で生産されています。日本は毎年約300万tを輸入しており、その多くが製油用です。日本国内の生産量は1年に約24万tで、ほとんどが食品に使われます。大豆を原料とした加工食品は和食に不可欠で、煮豆、豆乳、豆腐、油揚げ、納豆、みそ、しょうゆなどがあります。また、えだまめやお正月に煮豆で食べる黒豆、きな粉も大豆です。

主な品種、特徴

▶ **ユキホマレ**
最も一般的で、さまざまな大豆製品に使われる〝とよまさり〟というグループに分類され、仲間に「トヨムスメ」「とよみづき」などがある。早熟で機械収穫しやすく、道内で広く栽培され、最も作付けが多い品種

▶ **ユキシズカ・スズマルR**
納豆用の小粒の黄大豆。葉が細長いのが特徴

▶ **ゆめのつる**
粒が大きく、高級な煮豆用の〝つるの子〟というグループに分類される。成熟が遅く、北海道南部の温暖な地域で作付けされている

▶ **タマフクラ**
黄大豆としては世界最大級に粒が大きい（ユキホマレの約2倍）。大粒を生かして煮豆、甘納豆などに使われる。成熟が遅く、北海道南部で栽培されている

▶ **いわいくろ**
粒が大きい黒大豆。主としてお正月の煮豆用に使われる

▶ **音更大袖**
へそが暗褐色で、種皮が緑色の大豆。糖分が高く味が良いため、豆菓子や高級な豆腐などに使われる

▶ **ハヤヒカリ**
へそが茶色く、種皮が黄色で〝秋田大豆〟というグループに分類される。中粒で糖分が高く、良食味

左上から時計回りにユキホマレ、スズマルR、ゆめのつる、タマフクラ

左がいわいくろ、右が音更大袖

収穫量の都府県比較（2017年）

　北海道の生産量は全国1位で、2017年の収穫量は10万t。これは、全国24万8,600tの約40％を占めます。

①北海道

北海道の大豆収穫量対全国シェア

都府県 14万8,600t　60%
北海道 10万t　40%
全国 24万8,600t

資料：農林水産省「平成29年作物統計調査」

栽培の流れ

5月下旬に種をまき、7月に開花し、9〜10月に成熟、畑で乾燥させて10〜11月に収穫します。6〜7月に中耕・除草を行い、また7〜9月に菌核病やマメシンクイガ防除のための農薬散布を行います。

種まき

大豆の花
コンバインによる収穫

マメシンクイガ（上）と被害粒

旬と保存方法

大豆の新豆が出回る秋から冬が旬ですが、きちんと乾燥・保管すれば通年で利用できます。保存方法は、脂質の酸化などによる劣化を防ぐため、低温保管が望ましい。

栄養成分の特徴

豆の約35％がタンパク質、約20％が脂肪（油）、約30％が炭水化物（食物繊維を含む）で、でん粉はほとんど含まれません。微量成分としてレシチン、美容・健康に効果があるとされるイソフラボンやサポニンを含みます。

北海道の主な産地と収穫量（2017年）

音更町、帯広市、芽室町などの十勝地方の畑作地帯のほか、長沼町、岩見沢市などの水田地帯の転換畑での生産が増えています。

資料：農林水産省北海道農政事務所「平成30年度農林水産統計公表資料」

①音更町		6,560t
②長沼町		6,540t
③岩見沢市		5,910t
④士別市		5,540t
⑤帯広市		4,400t
⑥美唄市		4,180t
⑦芽室町		3,900t
⑧剣淵町		3,280t
⑨士幌町		2,100t
⑩上富良野町		1,960t

---

column 研究・開発の取り組み

寒さに強く、豆腐がおいしい「十育258号」

高品質・多収な大豆品種の開発に取り組んでいます。主な目標は、多収で寒さや多雨に強く、線虫（土壌にいる害虫）に抵抗性であること、豆腐などに加工しやすくおいしいことです。そのため寒冷地や水田、線虫が発生している畑での選抜、ミニ豆腐をつくって適性を調べるなどの試験を行い、2017年に寒さに強く、豆腐がおいしい新品種「十育258号」を開発しました。

水田で湿害に強い大豆を選ぶ

ミニ豆腐をつくり硬さを調べ、加工しやすい大豆を選ぶ

道内主要農産物 4

小 豆

【Adzuki Bean】
マメ科 ササゲ属

十勝地方を中心に栽培 多くがあんの原料に

小豆の原産地は東アジアとされています。北海道で本格的に栽培されたのは、明治時代以降で、初めは札幌近辺で栽培され、その後、十勝地方に栽培の中心が移ってきました。現在は、中国やカナダで生産された小豆も多く輸入されています。

小豆は、和菓子などのあんの原料として多くが使われています。煮た小豆の皮をふるいでこして取り除いてから砂糖を加えて練り上げた「こしあん」、皮を取り除かずに粒のまま練り上げた「粒あん」をはじめ、製造方法により種類があります。また、赤飯やパン、氷菓、洋菓子などにも使われます。

エリモショウズ

主な品種、特徴

▶きたろまん
道内で収穫時期が早い品種の代表。大粒で、耐冷性、耐病性に優れ、十勝など道東地域で栽培が多い

▶エリモショウズ
道内で収穫時期がやや遅い品種の代表。土壌病害に弱いが、耐冷性、収量性、品質に優れる

▶エリモ167
エリモショウズ並みの耐冷性、収量性、品質で、土壌病害（落葉病）に強い。2017年にデビューした新品種

▶しゅまり
開花期ごろの低温に弱いが、耐病性に優れ、上川地域で栽培が多い。紫色のあん色が特徴的な品種

▶とよみ大納言
道内の大納言の主力品種。極大粒で、収量性に優れ、道央・道南地域で栽培が多い

▶きたほたる
北海道で栽培可能な白小豆品種。低温に弱いが、道内で数十ha栽培されている

しゅまり

とよみ大納言

きたほたる

収穫量の都府県比較（2017年）

北海道の小豆収穫量は国内の約9割を占め全国1位です。2017年の北海道の収穫量は全国5万3,400tのうち93％を占めています。

①北海道

北海道の小豆収穫量対全国シェア

都府県 3,600t
北海道 4万9,800t
7％
93％
全国 5万3,400t

資料：農林水産省
「平成29年産大豆、小豆、いんげん及びらっかせい（乾燥子実）の収穫量」

栽培の流れ

5月中・下旬～6月上旬が種まき時期です。7月中・下旬に花が咲き、9～10月ごろに収穫機（コンバインやピックアップスレッシャ）を使い収穫します。一部では、刈り倒した小豆を"にお積み"し乾燥させた後に脱穀する昔ながらの方法も行われています。収穫物は茎やさやを取り除き、品質の良い豆を選別してあんなどの原料に調製します。

※かっこ内は使う機械や施設

7月中旬の生育状況

にお積みした小豆

豆用コンバイン（2条）による収穫

保存方法

北海道では秋に収穫し、調製後に貯蔵され1年を通して出荷されます。低温で貯蔵すると数年は品質が維持されます。

栄養成分の特徴

小豆の主成分は、炭水化物（でん粉）とタンパク質です。豆類の中でもポリフェノール含有量が多く、また、ビタミンB群、カリウム、食物繊維なども豊富に含まれています。

北海道の主な産地と収穫量（2015年）

北海道内の収穫量トップ10は全て十勝地域の市町です。十勝地域は北海道の収穫量の69％、全国の同じく約65％を占める一大産地です。

資料：農林水産省北海道農政事務所「北海道農林水産統計年報（総合編）平成26～27年」

順位	市町村	収穫量
①	音更町	6,550t
②	芽室町	5,770t
③	帯広市	5,450t
④	幕別町	3,580t
⑤	士幌町	2,680t
⑥	清水町	2,520t
⑦	更別村	2,320t
⑧	本別町	2,010t
⑨	池田町	2,000t
⑩	鹿追町	1,890t

---

column　研究・開発の取り組み

豆類色彩選別機を改良し
ポリフェノール含有量の異なる小豆を選別

主産地の北海道で安定的に栽培でき、製あん適性に優れる小豆新品種の開発を進めています。品質研究では、小豆に含まれるポリフェノールについて、品種ごとの含有量を調査した結果「きたろまん」の含有量がやや多いことが分かりました。そこで、豆を色で選別する豆類色彩選別機を改良し、ポリフェノール含有量の異なる小豆を選別する技術を確立し、含有量の多い原料を用いた商品の開発につなげています。

道内主要農産物 5

いんげん豆

【Common Bean】
マメ科 インゲンマメ属

甘い煮豆だけでない！サラダや煮込みにも

　いんげん豆は、冷涼な気候でも栽培可能なことから、古くから北海道で栽培されてきました。主に甘く味付けした煮豆や甘納豆、あんの原料として和菓子などに使用されています。現在では、これらの原料となる国産いんげん豆のほとんどが北海道産です。

　海外ではサラダや煮込み料理などの具材として利用されることが多く、最近では日本でも目にする機会が増えてきました。

　なお、サラダやごまあえなどのあえ物料理でおいしいさやいんげんは、いんげん豆の未熟なさやを食用としたものです。

サラダや煮込み料理向け新品種「きたロッソ」

主な品種、特徴

▶雪手亡
中まで白色のため、白あんの原料として加工される

▶大正金時
大粒で種皮は赤色。煮豆や甘納豆に使われ、豆の風味が良い

▶福白金時
白色の金時で軟らかく粘りが強く、煮豆や白あん原料として利用される

▶福うずら
うずらの卵のような模様が特徴。金時に比べやや硬いが風味が良く、煮豆向け

▶福虎豆
虎柄のような模様が特徴。軟らかく粘りのある食感で、煮豆向け

▶洞爺大福
栽培に手間がかかるため、高級菜豆と呼ばれる。洞爺湖周辺での栽培が盛ん

収穫量の都府県比較（2017年）

　北海道のいんげん豆収穫量は、国内総生産のほとんどを占め全国1位。2017年の収穫量は、全国1万6,900tのうち97％を占めています。

①北海道

北海道のいんげん豆収穫量対全国シェア

資料：農林水産省
「平成29年産大豆、小豆、いんげん及びらっかせい（乾燥子実）の収穫量」

都府県 500t 3％
北海道 1万6,400t 97％
全国 1万6,900t

栽培の流れ

5月中旬～6月上旬に種をまき、9～10月に収穫期を迎えます。以前はにお積みして収穫していましたが、現在はピックアップスレッシャという機械で収穫することが多い。また最近は、コンバインで刈り取り、脱粒する場合も増えています。

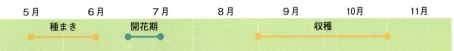

大正金時の生育

ピックアップスレッシャによる収穫

コンバイン収穫

保存方法

9～10月に収穫され、乾燥・脱粒の後、貯蔵されます。低温で貯蔵すると、数年は品質が維持され、1年を通して出荷されます。

栄養成分の特徴

いんげん豆の主成分は、炭水化物（でん粉）とタンパク質です。また、食物繊維が多く含まれているのが特徴です。ビタミン類ではB群が多く、カルシウムやカリウム、鉄などミネラルも豊富です。

北海道の主な産地と収穫量（2015年）

北海道内の収穫量トップ10は全て十勝地域の市町村です。十勝地域は北海道の収穫量の約87％を占める一大産地です。

資料：農林水産省北海道農政事務所「北海道農林水産統計年報（総合編）平成26～27年」

順位	市町村	収穫量
①	更別村	4,280t
②	豊頃町	2,910t
③	本別町	1,730t
④	池田町	1,710t
④	浦幌町	1,710t
⑥	音更町	1,490t
⑦	士幌町	1,480t
⑧	帯広市	1,380t
⑨	幕別町	894t
⑩	中札内村	833t

column 研究・開発の取り組み

日本初サラダ・煮込み向け品種「きたロッソ」

いんげん豆の品種改良は病気に強く、収穫量の多いことを目標に行われています。また、味や風味などが良い、おいしいことも重要なため、実際に製品を試作して評価しています。

サラダや煮込み料理向けとしては、日本で初めてとなる品種「きたロッソ」が誕生しました。調理後も赤く鮮やかで煮崩れが少なく、風味が良くおいしい品種です。

きたロッソ

ミックスビーンズサラダ

馬鈴しょ

【Potato】ナス科 ナス属

道内主要農産物 6

国内の7～8割を生産
でん粉は片栗粉や医療用にも

　北海道は冷涼な気候に適した馬鈴しょの代表産地で、日本国内の7～8割を生産しています。北海道で生産される馬鈴しょの約4割がでん粉に加工され、3割が加工食品向け、1割が家庭で消費されます。

　馬鈴しょでん粉は片栗粉やせんべい、麺類などの他、薬やオブラートなどの医療用にも使用されています。加工食品向けは、ポテトチップなどのスナック菓子、ポテトサラダやコロッケなどの総菜や冷凍食品と幅広く使われています。

スノーマーチ

主な品種、特徴

【生食用】
▶男爵薯
ホクホクした食感で、粉ふきいも、マッシュポテト、コロッケなどに適する。主な栽培地は後志、オホーツク、十勝。2015年作付面積 9,273ha

▶メークイン
煮崩れしにくく、シチューや肉じゃがなど煮込み用として使われる。主な栽培地は十勝、檜山。2015年作付面積 4,588ha

▶キタアカリ
男爵薯に似たホクホクした食感で、ビタミンCが豊富。主な栽培地は後志、上川、十勝。2015年作付面積 1,781ha

▶スノーマーチ
新しい品種で、収穫後に低温で保管することでとても甘みが増す。主な栽培地はオホーツク。2015年作付面積 238ha

【加工原料用】
▶トヨシロ
ポテトチップやポテトサラダに適する。主な栽培地は十勝、オホーツク、上川。2015年作付面積 6,446ha

▶きたひめ
貯蔵性が良いことから、収穫翌年の春以降のポテトチップ生産に使用される。主な栽培地は十勝。2015年作付面積 2,143ha

▶さやか
業務用のポテトサラダに多く使われる。主な栽培地は十勝、オホーツク、上川。2015年作付面積 1,481ha

【でん粉原料用】
▶コナフブキ
北海道で一番多く栽培されている。主な栽培地は、オホーツク、十勝。2015年作付面積 1万3,565ha

「キタアカリ」「スノーマーチ」「きたひめ」「さやか」は、畑の病害虫に強い品種として作付けが増加。その他、「インカのめざめ」「ノーザンルビー」などの食味や色に特徴のある品種が、お菓子などの加工用として人気です。

旬と保存方法

　収穫は7月下旬から始まり、そのイモが市場に出回ると北海道の新じゃがシーズンの到来です。保存時は光が当たらないよう注意してください。冬の間、冷蔵室や雪の下などでじっくり低温保管されたものは、甘くて熟成した馬鈴しょとなって流通します。

栄養成分の特徴

　主成分はでん粉です。ビタミンCやカリウムが多いことから、ヨーロッパでは「大地のりんご」とも呼ばれています。馬鈴しょのビタミンCは、過熱してもでん粉にガードされて壊れにくいのが特徴です。

栽培の流れ

　馬鈴しょの植え付けは、道南では3月下旬から、それ以外の地域では4〜5月に行われます。収穫は7月下旬ごろから始まり、8、9月がピークになります。

3月	4月	5月	6月	7月	8月	9月	10月	11月
	植え付け				収　穫			

培土。植え付け後から花が咲く前の間に、馬鈴しょが肥大する部分を土で盛ってドーム状にする

開　花

収穫機（オフセットハーベスタ）

収穫量の都府県比較（2016年）

　北海道の収穫量は全国1位です。2016年の収穫量は171万5,000tで、全国219万9,000tの約80％を占め、全国2位の長崎県の20倍以上です。

資料：農林水産省
　　　「平成28年産野菜生産出荷統計」

北海道の馬鈴しょ収穫量 対全国シェア

- 北海道 171万5,000t　77.9％
- 都府県 48万3,500t　22.1％
- 全国 219万9,000t

北海道の主な産地と収穫量（2016年）

　北海道では、帯広市が一番の産地です。その他、網走市や芽室町、斜里町などの十勝、オホーツク地域での生産が盛んです。

資料：農林水産省
　　　「平成28年産野菜生産出荷統計」

順位	市町村	収穫量
①	帯広市	111,500t
②	網走市	106,400t
③	芽室町	95,700t
④	斜里町	93,300t
⑤	小清水町	88,300t
⑥	清里町	86,100t
⑦	大空町	84,300t
⑧	幕別町	77,400t
⑨	士幌町	73,200t
⑩	更別村	69,100t

column　研究・開発の取り組み

1 果実に性質の異なる100粒の種

　新しい品種の開発は、収穫量が多い、病気や害虫に強く栽培しやすい、味が良い、加工に適しているなどを目標に行っています。優れた特性を持つ親同士を交配して得られる果実の中には、性質の異なる100粒ほどの種が入っています。
　北見農業試験場ではポテトチップス向け品種の開発のため、年間延べ1,000種類を揚げて調べています。また、大型の農業機械を用いて少ない作業人数で品質の良い馬鈴しょを生産する研究や、貯蔵環境をコントロールして甘みを増やしたり、芽の伸びを抑えて貯蔵期間を長くする研究にも取り組んでいます。

馬鈴しょの種

ポテトチップスの評価試験。黒こげになってしまう残念な品種も

てん菜

【Sugar Beet】
ヒユ科アカザ亜科フダンソウ属

北海道だけで栽培
別名「ビート」「砂糖だいこん」

てん菜は、砂糖の原料となる工業用作物です。「ビート」または「砂糖だいこん」とも呼ばれます。根に多量の砂糖が含まれます。根の形はアブラナ科のだいこんに似ていますが、ほうれんそうの仲間です。だいこんやほうれんそうのような野菜としての用途はありません。国内では北海道でのみ栽培されています。

わが国の年間の砂糖需要量はおよそ200万tで、約4割が自給されています。そのうち約8割がてん菜からつくられる砂糖で、残りの約2割が沖縄県や鹿児島県で栽培されるサトウキビです。

主な砂糖の種類と特徴

製造方法によって幾つかの種類の砂糖がつくられます。

▶上白糖（じょうはくとう）
日本で最も一般的な砂糖。結晶が細かくしっとりとした風味で、グラニュー糖より甘みが強い。日本特有の砂糖で、煮物などに適している

▶グラニュー糖
上白糖より結晶が大きく、さらさらとした砂糖。純度が高いため、癖のない淡白な甘みを持ち、コーヒーや紅茶、菓子や調理に広く使われている。てん菜から生産される砂糖の多くは、グラニュー糖である

▶てんさい糖
てん菜の糖蜜を乾燥させた茶色の砂糖。まろやかな甘さ、風味やコクがある。天然のオリゴ糖やミネラルを含む

旬と保存方法

砂糖は保存が良ければ、常温でいつまでも同じ品質で貯蔵できるので、旬は特にありません。砂糖は湿気で固まりますので、外気に当たらないよう密封して冷暗所で保存してください。

栄養成分の特徴

てん菜などを原料とする砂糖は、ご飯と同じ炭水化物を主成分とする食品で、体内では生命活動を維持するためのエネルギー源として利用されます。砂糖は速やかに消化吸収されるので、疲労時の栄養補給に高い効果があります。その他、てん菜から取れる糖蜜を原料とする腸内で有用なビフィズス菌を増やす、オリゴ糖の一種であるラフィノースを多く含んだ甘味料製品もあります。

収穫量の都府県比較（2017年）

てん菜は北海道以外では栽培されていません。2017年の収穫量は約390万tで、近年は350〜400万tの間で推移しており、砂糖の生産量は50〜70万t前後です。

資料：道農政部「平成29年産てん菜生産実績」

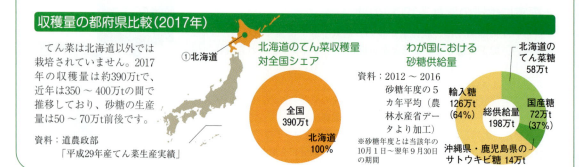

栽培の流れ

　移植栽培では、3月中旬からビニールハウスで苗を育て、4月下旬から5月上旬に畑に植え替えます。直播栽培では、4月下旬から5月上旬にかけて圃場に直接種を植え付けます。生育中は褐斑病やヨトウムシなどの病害虫の防除を行い、10月中旬から11月中旬に収穫します。移植栽培が主流ですが、移植栽培より手間がかからない直播栽培が、近年増えてきています。

　収穫したてん菜は、10月中旬から製糖工場に運ばれ砂糖が生産されます。工場出の生産は24時間操業で、3月ごろまで続きます。

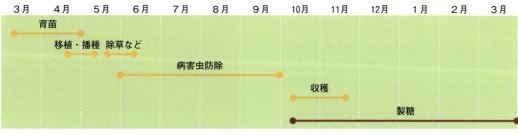

移植栽培の圃場

直播栽培の圃場

北海道の主な産地と収穫量（2017年）

　帯広市、音更町や芽室町などの十勝地方や、小清水町、網走市や北見市などのオホーツク地方が代表的な産地です。十勝地方、オホーツク地方は共に、全収穫量の4割程度を占めます。製糖工場は全道のてん菜栽培地帯内にあり、十勝管内に3カ所、オホーツク管内に3か所、上川管内に1か所、胆振管内に1カ所の計8カ所です。

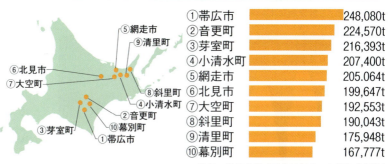

①帯広市		248,080t
②音更町		224,570t
③芽室町		216,393t
④小清水町		207,400t
⑤網走市		205,064t
⑥北見市		199,647t
⑦大空町		192,553t
⑧斜里町		190,043t
⑨清里町		175,948t
⑩幕別町		167,777t

資料：道農政部「平成29年産てん菜生産実績」

column　研究・開発の取り組み

褐斑病、黒根病に強い品種が目標

　北海道では、てん菜が不作になる年が増えています。その原因として、夏場の高温で発生しやすい褐斑病と黒根病が多発したことが挙げられます。今後温暖化が進むと考えられているため、品種育成ではこれら2つの病害の抵抗性を向上させることが、重要な目標となっています。2010年は褐斑病に強い品種がてん菜栽培面積の4割強でしたが、17年には7割強を占めています。黒根病に強い品種も少しずつ増えてきています。

　直播栽培では、無人ヘリや生育センサーなどで地力窒素マップを作成し、それに基づき施肥量を変えることによって収量を安定化させる試みが研究されています。

褐斑病が多発した畑

黒根病が発生した根

道内主要農産物 8

にんじん 【Carrot】セリ科 ニンジン属

種まきから収穫まで機械で大規模に生産

にんじんは2年草で、原産国はアフガニスタンです。トルコを経てヨーロッパに伝わった西洋種とアジア東方に伝わった東洋種があります。日本には江戸時代に中国から東洋種が伝わり、明治時代に西洋種が入りました。現在流通しているにんじんのほとんどは西洋種です。

北海道では、種まきから収穫まで機械で大規模に生産されます。生食用としてスーパーなどで一般に売られていますが、全体の生産量の6割はサラダや煮物などの加工用として利用されています。ただし、加工用にんじん

は不足する時期があるため、外国から多く輸入されています。このため品質が良く、安全な北海道産にんじんをもっと栽培してほしいという要望が高まっています。

主な品種、特徴

一般に栽培されているオレンジ色のにんじんは、15〜20cmの長さで「五寸人参」という西洋種の仲間です。用途別に、生食用(一般に販売されているにんじん)と加工用に分けられます。

▶加工用品種「アンビシャス」「カーソン」「紅ぞろい」など
1本が大きく、鮮やかなオレンジ色。機械で収穫しやすい

▶生食用品種「向陽二号」
最も多く栽培されている品種。肩の形が「なで肩」で形が良い

▶生食用品種「ベーター312」
にんじん内部の色が良好で、体に良いとされるカロテンが多い

【雪下にんじん】
秋に収穫する生食用品種を、雪の下で越冬させて3〜4月に収穫します。越冬することで甘みやうま味が増してとてもおいしいにんじんになります。生産地は後志の羊蹄地域

収穫量の都府県比較(2016年)

北海道の生産量は全国1位です。全国の27％が北海道産で、夏から秋に取れるにんじんの大産地です。2位の徳島県は春の生産が中心です。3位の千葉県は春から夏と冬の2回生産しています。年間を通して全国各地でにんじんの生産が行われています。

北海道のにんじん収穫量対全国シェア

都府県 42万t 73％
北海道 14万6,800t 27％
全国 56万6,800t

資料：農林水産省「平成28年産野菜生産出荷統計」

①北海道
②徳島県
③千葉県

栽培の流れ

　土の病気を出さないために、畑で連作しないよう注意します。北海道では、5月ごろに種まきをします。発芽後は、除草や間引きなどを行い、雑草に負けないように管理します。病気や害虫対策も重要です。生食用は種まきから100～110日で、加工用は140～150日で収穫し、洗浄後、大きさ別に分けて出荷します。

	3月	4月	5月	6月	7月	8月	9月	10月	11月
通常		種まき				収穫			
雪下にんじん	収穫（翌年）		種まき						

機械による種まき（5月）

種まき後35日ごろ。草取りが重要

機械収穫（10月）

選別。洗浄後、大きさ別に分けて出荷

旬と保存方法

　北海道産にんじんの旬は7～10月。比較的保存が利きますが、保存中に発芽や発根して品質の低下を招く恐れがあるため長期間の貯蔵は行われていません。

栄養成分の特徴

　豊富に含まれるカロテンは、免疫力を高め、皮膚や粘膜を強くし、がん、心臓病などに効果があるといわれています。カリウム、カルシウムも豊富で、ビタミンCも含まれます。

北海道の主な産地と作付面積（2016年）

　北海道のにんじん2大産地は、十勝地域とオホーツク地域です。生産面積が多い順に幕別町、斜里町、音更町、南富良野町、美幌町です。
　また羊蹄山麓一帯では、3月に掘り取りを行う雪下にんじんの生産が行われています。

① 幕別町　533ha
② 斜里町　476ha
③ 音更町　425ha
④ 南富良野町　381ha
⑤ 美幌町　305ha

資料：「北海道野菜地図（その41）」（2018年発行）

---

column　研究・開発の取り組み

収量性が優れ、加工に適した品種を調査

　加工業務用に適したにんじん品種とは、にんじん1本が大きくなり収量性が優れ、サラダや煮物などの加工に適している、機械で収穫しやすいなどの特徴が求められます。道総研の農業試験場では、加工業務に適した品種がないかを調査して有望な2品種（カーソン、紅ぞろい）を選びました。今後は、これらの品種を安定供給する栽培方法の開発が課題になります。

たまねぎ

【Onion】
ヒガンバナ科 ネギ属

煮込み料理、ドレッシングなど幅広く使える常備野菜

たまねぎは、中央アジアが原産地とされる作物です。日本へは北海道の開拓期にアメリカから導入され、本格的な栽培が始まりました。北海道では、肉質が硬めで辛味が強く、日持ちが良い黄色のたまねぎが多く栽培されています。

世界中のさまざまな料理に使われており、欧米では生サラダやマリネなどの食材、カレーやシチュー、オニオンスープなどの煮込み料理やスープ料理、トマトソースやデミグラスソースなどのベース食材、またドレッシングの材料にもなるなど幅広く利用されてい

ます。日本では親子丼や鍋料理、みそ汁の具にも使われており、さまざまな料理に使える常備野菜になっています。

主な品種、特徴

▶**北はやて2号**
北海道で最も早い時期（8月上旬〜）に出荷され、辛味が少ない極早生（ごくわせ）品種

▶**オホーツク222**
球肥大に優れ、形のそろいも優れる早生品種。9月ごろから出荷される。「北もみじ2000」と並ぶ北海道の主要な品種

▶**北もみじ2000**
北海道たまねぎの約半分のシェアを占める中生（なかて）品種。球は大きく、硬めで、日持ち性が極めて高く、翌年5月ごろまで出荷される

▶**札幌黄**
明治時代にアメリカから導入された「イエロー・グローブ・ダンバース」を源に、札幌で定着した品種。病気に弱いなど栽培は難しいが、地域の伝統品種として注目されている

▶**ゆめせんか、すらりっぷ**
いずれも食品工場で使いやすいように改良された品種。水分含量が少なく、煮詰める加工時間を短くできる。縦長の形状である「すらりっぷ」は、ゴミになる球の上下部分や皮が少ない

北もみじ2000

ゆめせんか

すらりっぷ

旬と保存方法

北海道産の旬は8〜9月です。一般に晩生（ばんせい）品種ほど長持ちします。保存は湿度の低い冷暗所が適しています。大産地には専用貯蔵庫があり、5月ごろまで出荷しています。

栄養成分の特徴

たまねぎは、香りや催涙性のもとになるさまざまな含硫成分（イオウを含む有機化合物、硫化アリルなど）を含んでいます。これらは、血液をサラサラにし、ビタミンB_1の吸収を助ける効果があります。また、生活習慣病の予防に効果があるとされるケルセチンも多く含んでいます。

栽培の流れ

　北海道では、2月下旬ごろからビニールハウス内で苗を育てて、約2カ月後に苗を畑に植えます。さらに2カ月ほどたつと球が肥大し始め、7月下旬～8月上旬に葉が倒れてきます。その後、完全に葉が枯れるのを待ち、8月中ごろから順次収穫します。

	1月	2月	3月	4月	5月	6月	7月	8月	9月	10月	11月	12月
早期出荷（移植）		種まき		植え付け				収穫		出荷		
普通（移植）			種まき		植え付け				収穫		出荷	
	出荷											
直まき					種まき					収穫	出荷	

育苗

機械による根切り

収穫

収穫量の都府県比較（2016年）

　北海道のたまねぎ生産量は全国1位です。2016年の収穫量は84万4,000tで、全国124万3,000tの約68％を占めています。全国2位の兵庫県、3位の佐賀県の収穫量はいずれも全国の7％以下です。

①北海道
②兵庫県
③佐賀県

北海道のたまねぎ収穫量対全国シェア

全国 124万3,000t
北海道 84万4,000t 68%
都府県 39万9,300t 32%

資料：農林水産省「平成28年産野菜生産出荷統計」

北海道の主な産地と収穫量（2016年）

　北海道では、北見市が一番の産地です。その他、訓子府町や富良野市、美幌町、岩見沢市などで生産が盛んです。

①北見市　246,800t
②訓子府町　100,700t
③富良野市　83,500t
④美幌町　60,400t
⑤岩見沢市　49,000t
⑥中富良野町　46,800t
⑦湧別町　37,400t
⑧津別町　26,100t
⑨大空町　19,900t
⑩栗山町　15,100t

資料：農林水産省「平成28年産野菜生産出荷統計」

column　研究・開発の取り組み

低コスト生産につながる直播栽培など研究

　近年のたまねぎの消費は、加工食品としての使用量が多くなっており、その原料として輸入物が増えています。国産でしっかり賄えるよう、加工場で使いやすいたまねぎを目指して品種改良を進めています。
　また低コストの生産につながる直播栽培、年間通じて安定的に出荷するための早出し向けの栽培法、遅出しのための貯蔵法の開発の他、肥料の与え方や病害虫からたまねぎを守るための試験研究などを行っています。

かぼちゃ

【Pumpkin】
ウリ科 カボチャ属

主に「西洋かぼちゃ」を栽培
おかずからお菓子まで大活躍！

かぼちゃはアメリカ大陸中部原産で、ヨーロッパに渡り、日本には16世紀にポルトガル船から長崎県に持ち込まれ、栽培が始まりました。かぼちゃは、「西洋かぼちゃ」「日本かぼちゃ」「ペポかぼちゃ」の3つに分けられます。現在、日本国内で栽培されているかぼちゃの多くは、西洋かぼちゃの仲間です。

かぼちゃは、煮物やサラダ、コロッケなどの総菜の他、ケーキやまんじゅうなどの和洋菓子でも食べられる、利用場面の多い大活躍の野菜です。

主な品種、特徴

▶えびす
北海道で最も多くつくられている品種。形は扁円（へんえん、細長い円）、1果重は約1.8kg、皮の色は濃い緑色。甘さとホクホク感のバランスが取れている

▶雪化粧
形は扁円、1果重は約2.3kg、皮の色は白っぽい灰色なのが特徴的。ホクホクした食感が強く、非常に長く貯蔵できる。果肉は、一般的なかぼちゃと同じ黄色

▶坊ちゃん
形は扁円、1果重は約500gと手の平サイズのミニかぼちゃ。皮の色は濃い緑色で、甘味とホクホク感のバランスが良い品種

▶くりゆたか
形は扁円、1果重は約2.0kg、皮の色は濃い緑色。ホクホクした食感が強く、長く保存できる

収穫量の都府県比較（2016年）

生産量は全国1位です。2016年の収穫量は8万2,900tで、全国18万5,300tの約45%を占めています。全国2位の鹿児島県の収穫量は9,130t、3位の茨城県の収穫量は8,090tとなっています。

①北海道
②鹿児島県
③茨城県

北海道のかぼちゃ収穫量対全国シェア

都府県 10万2,400t
北海道 8万2,900t
全国 18万5,300t
55%
45%

資料：農林水産省「平成28年産野菜生産出荷統計」

栽培の流れ

ビニールハウスの中で種をまき、苗を育てます。苗を外の畑に植えた後は、つる（茎）を1～3本に整理します。収穫は果梗（かこう）部（つると果実がつながっている部分）がコルク状になってから行います。

1月	2月	3月	4月	5月	6月	7月	8月	9月	10月	11月	12月
			種まき								
				植え付け							
							収穫				

畑に植える前の苗 / 植えて約2週間後の畑

収穫時期のかぼちゃ畑

収穫時期の果梗部

旬と保存方法

北海道産かぼちゃの旬は8～11月です。保存する際は、切らずに10℃くらいの風通しの良い場所に置きます。

栄養成分の特徴

栄養価の高い野菜です。豊富に含まれるカロテンは肌や粘膜を強くし、免疫力を高めます。ビタミンCやビタミンEなども多く、野菜不足になりがちな冬の時期にぴったりの野菜です。

北海道の主な産地と収穫量（2016年）

北海道では、名寄市や和寒町、美深町などの道北地域で生産が盛んです。また道央地域のむかわ町、道南地域の森町でも多く栽培されています。

①名寄市	6,766t
②和寒町	4,748t
③美深町	4,633t
④むかわ町	4,175t
⑤森町	2,622t

資料：「北海道野菜地図（その41）」（2018年発行）

column 研究・開発の取り組み

種を食べる新しいかぼちゃの栽培方法を研究

近年は、種を食べる新しいかぼちゃの栽培方法を研究し、道内有数の産地である和寒町などは商品開発に取り組んでいます。その他、かぼちゃの貯蔵期間を長くする方法や、収穫作業の負担を少なくする方法について研究を行っています。

種に硬い皮のない「ストライプペポ」の果実

「ストライプペポ」を使ったお菓子

道内主要農産物 11

トマト

【Tomato】ナス科 ナス属

夏秋期の収穫量は全国一！
本州にも高品質なトマトを供給

トマトは1年生草木で、原産地は南米のアンデス高地といわれています。本州の夏のような高温多湿は苦手としていることから、夏から秋にかけてのトマト栽培は冷涼で湿度が低い北海道が適しています。

北海道産トマトの収穫量は夏秋期（7～11月）では全国一を誇り、北海道だけでなく本州にも高品質なトマトを供給しています。サラダなどの生食用途が多かったのですが、最近では加熱調理用途への利用も広がっています。

主な品種、特徴

【大玉トマト】
▶CF桃太郎ファイト
道内で一番多くつくられている大玉トマト。品質に定評のある桃太郎系トマトの中でも糖度が高く、食味が良い

▶りんか409
CF桃太郎ファイトの次ぎに多くつくられている大玉トマト。裂果（トマトが割れて商品にならない）が少なく収量が多い

【中玉トマト】
▶シンディースイート
北海道の中玉トマトといったらこの品種。1個40g程度の重さで、大玉トマトより食味が良くミニトマトより食べ応えがある

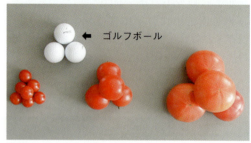

種類による大きさの違い（左からミニトマト、中玉トマト、大玉トマト）

【ミニトマト】
▶キャロル10
道内で一番多くつくられているミニトマト。食味が良く、果実に光沢があって見栄えが良いことから人気が高い

北海道の主な産地と収穫量（2016年）

北海道では、平取町が一番の産地で、全道の収穫量の約2割を占めています。その他、美瑛町や北斗市、仁木町、むかわ町などで生産が盛んです。

資料：「北海道野菜地図（その41）」（2018年発行）

①平取町	11,055t
②美瑛町	5,053t
③北斗市	3,470t
④仁木町	3,092t
⑤むかわ町	2,325t
⑥余市町	2,240t
⑦長沼町	1,672t
⑧森町	1,455t
⑨新ひだか町	1,331t
⑩日高町	1,196t

栽培の流れ

北海道では地域によって前後しますが、2月にビニールハウスで種をまいて花が咲くまで育苗し、4月に違うビニールハウスに植え付け、6月から10月いっぱいまで収穫するというつくり方が多い。苗を育てる期間はまだ寒いので、暖房などで保温する必要があります。

2月	3月	4月	5月	6月	7月	8月	9月	10月	11月
(ハウス)種まき		植え付け		収穫					

外は雪でも暖かい育苗ハウス

植え付けに適した苗 / 植え付け

収穫始めの「CF桃太郎ファイト」

旬と保存方法

旬は6〜10月。トマトはへたを下にして冷蔵庫の野菜室で保存します。青みがあるものは常温で赤くしてから野菜室に入れます。

栄養成分の特徴

トマトの赤い色はリコピンという色素成分で、がんや老化を予防する効果があります。ビタミンC、余分な塩分を排出するカリウム、疲労回復に効果があるクエン酸も豊富に含みます。うま味成分であるグルタミン酸も多く、煮込み料理などにも適しています。

収穫量の都府県比較（2016年）

2016年の全国の収穫量は74万3,200t。北海道の収穫量は5万9,200tで、熊本県（12万9,300t）に次いで全国2位です。

②北海道
①熊本県
資料：農林水産省「平成28年産野菜生産出荷統計」

北海道のトマト収穫量対全国シェア
北海道 5万9,200t 8%
都府県 68万4,000t 92%
全国 74万3,200t

---

column 研究・開発の取り組み

加工用トマト栽培の機械化へ

普段私たちがサラダなどで食べているトマトは生食用トマトで、主にビニールハウスでつくられています。一方、ケチャップやトマトジュースなどに使われるトマトは加工用トマトと呼ばれ、露地でつくられます。

労働力不足や夏季の高温の影響で本州での加工用トマトの生産が減少する中や、夏季冷涼な北海道での加工用トマトづくりが期待されています。

全国の加工用トマトの作付面積

10年間で30%減少
2006年 / 2016年

露地でつくられる加工用トマト

道総研では加工用トマトの道内生産を増やすために、省力的な栽培を可能にする定植および収穫の機械化の研究を行っています。

道内主要農産物 12

牧草

【Pasture Plant】
イネ科・マメ科

直接食べさせる放牧利用と保存食にして食べさせる採草利用

　牧草は牛、羊、ヤギ、馬などの家畜の餌になる作物です。他の作物との大きな違いは、毎年種をまくのではなく、一度種をまいたら数年にわたって利用することです。北海道の作物で栽培面積が一番大きいのが牧草です。

　北海道で利用される牧草は、寒地型牧草といって主にヨーロッパ・アジア大陸の温帯〜冷涼な地方を原産地とする外来草です。寒さには強いのですが暑さに弱く、生育に適した気温は15〜21℃といわれています。牧草にはイネ科とマメ科があり、両者を混ぜてまくのが一般的です。家畜への食べさせ方によって牧草の利用の仕方が異なり、家畜を畑に放し直接食べさせる放牧利用と、機械で収穫し保存食（サイレージや乾草）にして牛舎などで食べさせる採草利用に分けられます。

主な草種、特徴

【イネ科牧草】

▶チモシー（イネ科アワガエリ属）
越冬性（冬の間の寒さや病気に耐える力）が一番強く、北海道で一番多く栽培されている牧草で、高温・乾燥が苦手

▶オーチャードグラス（イネ科カモガヤ属）
越冬性はチモシーより弱いが、暑さや干ばつにも強く再生力（収穫した後、伸びる力）が強い

▶ペレニアルライグラス（イネ科ドクムギ属）
越冬性が弱いため冬に土の凍らない道央・道北で利用されることが多い。再生力や茎を増やす力が強い

▶メドウフェスク（イネ科ウシノケグサ属）
越冬性はチモシーよりも弱いが、夏以降の再生力が強く、放牧に使われることが多い

【マメ科牧草】

▶アルファルファ（マメ科ウマゴヤシ属）
栄養豊富で家畜の嗜好（しこう）性も高い。マメ科牧草の中では最も収量が多く、「牧草の女王」と呼ばれる。干ばつに強い一方で排水不良は苦手

▶アカクローバ（マメ科シャジクソウ属）
まいた後の生育が早く、マメ科牧草の中ではアルファルファに次いで収量が多い。再生力は強いが割と寿命が短い

▶シロクローバ（マメ科シャジクソウ属）
マメ科牧草の中では収量は少なめだが、まいた後はほふく茎（地面をはう茎）で広がり牧草地の隙間を埋める

▶ガレガ（マメ科ガレガ属）
近年、エストニアから導入された新しい牧草。まいた後の生育は遅いが、根付くと非常に長持ちするといわれている

チモシー

オーチャードグラス

アルファルファ

アカクローバ

収穫時期と保存方法

　チモシー（早生種）を採草利用する場合、収穫時期は大まかに6月中・下旬と8月中・下旬の年2回です。収穫した牧草はしっかり密封し、サイレージ（牧草の漬物）にして保存します。

栄養成分の特徴

　イネ科の牧草は炭水化物や繊維の割合が高く、マメ科の牧草はタンパク質やミネラルの割合が高いという特徴があります。人間の食事でいう主食とおかずのような関係です。

栽培の流れ

前年の7月下旬～8月下旬に種をまいた牧草は翌年以降、次のような栽培管理が行われます。

	4月	5月	6月	7月	8月	9月	10月	11月
早春の施肥	●—●							
糞尿散布		●—●						
1番草収穫・調製			●—●					
収穫後の施肥			●—●					
糞尿散布			●—————●					
2番草収穫・調製					●—————●			
糞尿および土壌改良資材散布						●—————————●		

糞尿散布　　　収穫（刈り取り）　　　ロールベールサイレージ

収穫量の都府県比較（2017年）

①北海道
②岩手県
③青森県

北海道の牧草作付面積は53万5,000haで全国1位。全国の牧草地のうち約73%が北海道で作付けされています。

資料：農林水産省
　　　平成29年産飼料作物の作付（栽培）面積及び収穫量、えん麦（緑肥用）の作付面積」

北海道の牧草収穫面積対全国シェア

都府県 19万3,000ha　27%
北海道 53万5,000ha　73%
全国 72万8,300ha

北海道の主な産地と作付面積（2006年）

草地酪農地帯と呼ばれる根室、釧路および宗谷地域での栽培が多く、作付面積トップ10の市町村も大樹町と天塩町以外は全てこれらの地域です。

資料：農林水産省北海道農政事務所「北海道農林水産統計年報（農業統計市町村別編）2006年次」

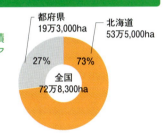

⑤稚内市
⑨枝幸町
⑥豊富町
③中標津町
⑦標津町
⑩天塩町
①別海町
④浜中町
②標茶町
⑧大樹町

	作付面積
①別海町	62,600ha
②標茶町	30,600ha
③中標津町	23,200ha
④浜中町	15,200ha
⑤稚内市	14,500ha
⑥豊富町	13,100ha
⑦標津町	11,900ha
⑧大樹町	11,200ha
⑨枝幸町	10,900ha
⑩天塩町	10,800ha

column 研究・開発の取り組み

チモシーの品種改良、草地管理にICT技術

道立総合研究機構では北見農業試験場、畜産試験場、酪農試験場、酪農試験場天北支場で牧草に関する研究を行っています。具体的にはチモシーの品種改良、牧草の栄養価・量を増加かつ省力・省資源管理できる栽培方法の開発などに関する研究です。近年では草地管理にICT技術を用いる研究も行っています。

チモシーの品種改良

オーチャードグラスとペレニアルライグラスの混播試験

道内主要農産物 13

飼料用トウモロコシ
【Dent Corn】
イネ科 トウモロコシ属

飼料用は3m超えも珍しくない 利用形態は3つ

トウモロコシは熱帯から亜寒帯まで世界の非常に広い範囲で栽培されている作物です。食用では茎葉部分は必要とされないので、茎の長さは2m前後と低いのですが、飼料用では地上部全体の収量が必要とされるため3mを超えることも珍しくありません。

飼料用として栽培される場合、表に示す3つの利用形態に分けられます。

表　主な利用形態

利用形態	説　明
ホールクロップ	植物体地上部全体（茎葉+雌穂）を収穫し、サイレージ化して利用
イアコーン	雌穂のみを収穫してサイレージ化して利用。茎葉はすき込んで緑肥とする
子実	子実のみを収穫し、乾燥、あるいはサイレージ化して利用。茎葉および雌穂の芯はすき込んで緑肥とする

主な品種、特徴

広大な北海道の中で安定して収穫できるよう、冷涼な根釧地域で栽培できる早生品種から夏季高温となる道央・道南での栽培に適した晩生品種まで、幅広い早晩性の品種が生産されています。

通常、早晩性はRM（総体熟度）と呼ばれる数値で示されています。RMは数値が小さいほど早生、大きいほど晩生であることを示します。代表的な品種とその早晩性を下の表に示しました。

表　代表的な品種の早晩生と栽培適地

代表的品種と特徴	早晩性区分※	RM	栽培適地の目安
KD254（すす紋病に強い、耐倒伏性）	極早生	〜74	道東・道北
KD320（多収、すす紋病に強い）	早生	75〜89	十勝・網走
36B08（多収、ごま葉枯れ病に強い）	中生	90〜99	十勝・道央
北交65号（耐倒伏性、すす紋病に強い）	晩生	100〜	道央・道南

※区分は2019年度から採用される予定

作付面積の都府県比較（2017年）

北海道は全国1位で、かつ作付面積は年々増えています。現在は国内の半分以上の作付面積を占めています。

①北海道
②岩手県
③宮崎県

北海道の飼料用トウモロコシ作付面積対全国シェア

都府県 3万9,700ha 42%
北海道 5万5,100ha 58%
全国 9万4,800ha

資料：農林水産省「平成29年作物統計調査」

収穫時期と保存方法

量が最大になる黄熟期に収穫を行います。イアコーンの場合は少し遅い、黄熟後期から完熟期にかけての収穫が推奨されています。いずれも収穫物は1〜3cmの長さに切断され、サイレージに加工・調製されます。

サイレージとは飼料をサイロ内に詰め込み密閉して嫌気発酵させたもので、食品に例えれば漬物のようなものです。詰め込んで1カ月以上経過してから開封し、家畜に給与されます。子実は乾燥させて利用されることが多いので、完熟期での収穫となります。

黄熟初期（子実の表面のみ硬化）
完熟期（子実全体が硬化して半透明になっている）
黄熟後期（子実の中央付近まで硬化）

飼料用トウモロコシの熟度

栽培の流れ

　霜害を避けて、北海道では5月中旬ごろに種まきをします。播種方法は畝幅60～75cmの条播で、10a当たり8,000本前後の栽植本数になるように行います。その後は、除草剤散布と追肥が必要となりますが、それ以外は収穫まで手を掛ける必要がありません。収量と栄養価は黄熟期のころに最大となり、霜に当たると茎葉が枯れ上がって歩留まりが落ちてくるため、初霜の前に収穫します。収穫には専用の収穫機（ハーベスタ）が使われます。

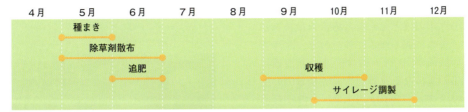

生育初期の圃場

トウモロコシの立ち姿

収　穫

栄養成分の特徴

　ホールクロップででん粉が30～40％、総繊維（NDF）が35～40％あり、牧草と比較してエネルギー価が高いのが特徴です。でん粉が多いのは子実部のみで、茎葉にはほとんど含まれていません。一方、粗タンパク質は雌穂、茎葉ともに6～8％程度と低いため、乳牛に給与する場合にはタンパクの高い飼料と組み合わせる必要があります。

北海道の主な産地と種子流通量（2017年）

　酪農が盛んでかつ気象条件の良い道東北の畑作地帯（オホーツクおよび十勝管内）での作付けが多く、次いで道央、3位が道東北の酪農地帯（宗谷、釧路、根室管内）、最後に道南となっています。道東北の酪農地帯で作付けが少ないのは気温が低いため、安定して栽培できる品種が少ないためです。

資料：道農政部生産振興局畜産振興課
　　　「飼料作物種子の流通状況」

道東北（酪農）：宗谷、釧路、根室管内
道東北（畑作）：十勝、オホーツク管内
道央：石狩、空知、上川、胆振、日高、留萌管内
道南：渡島、檜山、後志管内

飼料用トウモロコシの道内種子流通量（2017年度）
全道 1,375.5t
- 道東北（酪農） 14%
- 道南 3%
- 道央 15%
- 道東北（畑作） 67%

column　研究・開発の取り組み

強風でも倒伏しにくい栽培法と耐倒伏性の評価指標の開発へ

　近年、北海道では台風などの強風による倒伏被害が多発しているため、倒伏しにくい栽培法の開発および品種別に耐倒伏性を評価するための評価指標の開発を行っています。

倒伏したトウモロコシ圃場

生 乳 【Raw Milk】

道内主要農産物 14

乳牛のほとんどはホルスタイン種

日本の乳牛のほとんどを占めるホルスタイン種は、暑さに弱く寒さに強いので、北海道の涼しい気候が向いています。また北海道には、乳牛の餌になる牧草を生産できる広い土地があります。日本の乳牛132万頭のうち約60%を占める78万頭が北海道で飼われています（農林水産省「畜産統計調査〈2017年〉」）。

牛から搾ったままの乳を「生乳」といい、生乳を加熱殺菌したものを「牛乳」といいます。牛乳からはバター、クリーム、チーズ、ヨーグルトなど多くの加工品が生産されます。北海道のバターやクリームの生産量は国内生産の約90%を占めています（農林水産省「牛乳乳製品統計調査〈2016年〉」）。

主な品種、特徴

▶ホルスタイン
日本の乳牛の99%を占める。1年間に7,000～10,000kgと非常に多くの乳を出す

▶ジャージー
1年間の乳量は3,000～4,000kgでホルスタインの約半分。乳脂肪分が高い乳を出す

▶ブラウンスイス
1年間の乳量は約4,800kg。バターやチーズに適した濃厚な乳を出す

ホルスタイン

ブラウンスイス（手前）

北海道の主な産地と飼育頭数（2017年）

乳牛の頭数は別海町が約10万頭で最も多くなっています。これに士幌町、標茶町が続きます。道東や十勝で生乳の生産が盛んです。

資料：家畜改良センター「牛個体識別データベース」（2017年9月公表）

① 別海町　10万3,175頭
② 士幌町　5万939頭
③ 標茶町　4万5,116頭
④ 中標津町　3万9,762頭
⑤ 清水町　3万5,110頭
⑥ 鹿追町　2万6,798頭
⑦ 大樹町　2万6,062頭
⑧ 浜中町　2万2,961頭
⑨ 新得町　2万2,859頭
⑩ 湧別町　2万1,730頭

飼養の流れ

乳牛は約2歳で初めて出産をして乳を出し始めます。約300日間乳を搾った後、次の出産に備えて約60日間乳を搾るのをやめて牛を休ませます。乳牛は約1年間隔で出産を繰り返して、生乳を生産しています。

哺乳中の子牛。約2カ月間乳を飲んだ後、草を食べ始める

育成牛。子牛は草をたくさん食べて大きくなる

乳を搾る泌乳牛。栄養価の高い餌を牛舎内で食べさせる

1日2、3回機械で乳を搾る

旬と保存方法

北海道の生乳生産量は1カ月当たり32万tで、1年を通して安定して生産されています。牛乳は10℃以下で冷蔵保存します（農林水産省「牛乳乳製品統計調査（2016年）」）。

栄養成分の特徴

牛乳にはカルシウム、タンパク質、脂肪など多くの栄養素がバランス良く含まれています。牛乳のカルシウムは吸収されやすく、コップ1杯（200g）で1日に必要なカルシウムの1/3を取ることができるといわれています。

生産量の都府県比較（2016年）

北海道の生乳生産量は全国1位です。2016年の生産量は約392万tで、日本の生乳生産の53%を占めています。2位の栃木県（33万t）、3位の群馬県（26万t）は、いずれも北海道の1割以下の生産量です。

①北海道
②栃木県
③群馬県

北海道の生乳生産量対全国シェア

資料：農林水産省「牛乳乳製品統計調査（2016年）」

都府県 347万t 47%
北海道 392万t 53%
全国 739万t

column 研究・開発の取り組み

子牛の頃からの丈夫な体づくり
広い土地生かした飼い方も

乳牛が多くの乳を出すためには健康であることが一番です。そのため、子牛の頃から丈夫な体をつくり牛のストレスを減らす飼い方を開発しています。

また、北海道の広い土地を生かして、放牧やサイレージなどの自給飼料を多く使った飼い方を研究しています。

草をたくさん食べる体づくり

自給飼料を多く使った飼い方

ストレスの少ない飼い方

Welcome to MaY MARCHE
マーカス・ボスの北海道野菜
著者　Markus Bos

　マーカス・ボス氏は、欧州各地のレストランで修業を重ね来日、人気の野菜マーケット「メイマルシェ」を主宰する傍ら、北海道を拠点に料理教室やメディアを通じ北海道のおいしい素材へのこだわりと、持ち味を引き出す料理の楽しさを、独自のスタイルで伝えています。本書は、加熱調理用トマトやフェンネルなど、洋野菜のレシピ37点を紹介。マルシェに並ぶ野菜の写真も美しく、料理をつくり味わう喜びはもちろん、ページをめくり、眺めるだけでも癒される「野菜の力」を感じる1冊です。

A4変型判　92頁　オールカラー
定価　本体価格1,600円＋税

からだにいい新顔野菜の料理
北海道の野菜ソムリエたちが提案
監修　安達英人・東海林明子

　新顔野菜の伝道師・安達英人さんが、21種類の新顔野菜をわかりやすく解説。その特徴を存分に生かした食べ方を北海道の野菜ソムリエ14人が提案、選りすぐりの84品を、料理研究家・東海林明子さんが料理する。

　料理することが楽しくなるヒントやアドバイスがいっぱい。今、全国でも注目の新顔野菜の魅力が満載です。

235mm×185mm　128頁
オールカラー
定価　本体価格1,300円＋税

――レシピ提案ソムリエ
伊東木実さん、大澄かほるさん、大宮あゆみさん、小川由美さん、吉川雅子さん、佐藤麻美さん、辻綾子さん、土上明子さん、長谷部直美さん、萬谷利久子さん、松本千里さん、萬年暁子さん、室田智美さん、若林富士女さん

株式会社 北海道協同組合通信社　デーリィマン社　管理部

☎ 011(209)1003
FAX 011(271)5515

※ホームページからも雑誌・書籍の注文が可能です。http://www.dairyman.co.jp
e-mail　kanri@dairyman.co.jp

ニューカントリー2018年夏季臨時増刊号
農業体験受け入れＱ＆Ａ集
道内主要農産物資料集付き

平成30年7月1日発行

| 発 行 所 | 株式会社北海道協同組合通信社 |

札幌本社
　〒060-0004
　札幌市中央区北4条西13丁目1番39
　TEL 011-231-5261　FAX 011-209-0534
　ホームページ　http://www.dairyman.co.jp/
編集部
　TEL 011-231-5652
　Eメール newcountry@dairyman.co.jp
営業部（広告）
　TEL 011-231-5262
　Eメール eigyo@dairyman.co.jp
管理部（購読申し込み）
　TEL 011-209-1003
　Eメール kanri@dairyman.co.jp

東京支社
　〒170-0004 東京都豊島区北大塚2-15-9
　　　　　　　ITY大塚ビル3階
　TEL 03-3915-0281　FAX 03-5394-7135
営業部（広告）
　TEL 03-3915-2331
　Eメール eigyo-t@dairyman.co.jp

発 行 人　新井　敏孝
編 集 人　木田ひとみ

印 刷 所　山藤三陽印刷株式会社
　〒063-0051 札幌市西区宮の沢1条4丁目16-1
　TEL 011-661-7161

定価 1,333円＋税・送料134円
ISBN978-4-86453-055-2 C0461 ¥1333E
禁・無断転載、乱丁・落丁はお取り替えします。

作物の成長促進のために — みらくる草刈るチシリーズ

「CMS(シーエムエス)株間輪」や「m・AROT(ほろっと)リーナ」、「ゴロクラッシャー」など、数多くあるアタッチメント、5本以上の爪の同時装着により可能となるバリエーション豊富なセッティング。除草専用ではない『草刈るチ』シリーズは、株間・根際もしっかりと中耕除草し、地温上昇による作物の成長を促進する効果をもたらします。

株間・根際を中耕・除草 — CMS株間輪

畦追従型除草アタッチメント — m・AROTリーナ

畦間の土塊をこっぱみじん — ゴロクラッシャー

狭い畦間でも土塊を粉砕 — ゴロクラッシャーSV

シリーズ最軽量

フレーム重量200kg
27馬力から作業可能

深耕・培土もこなす

フレーム重量310kg
縦爪2本の同時装着可能

クリーン農業のパイオニア

フレーム重量430kg
8本の爪の同時装着可能

いずれのタイプにも5畦、3畦の2種類があります

一歩先を行く　　時代は ニチノー

製造元　日農機製工株式会社
本社・工場／〒089-3727 北海道足寄郡足寄町郊南1丁目13番地
TEL(0156)25-2188(代)　FAX(0156)25-2107

総販売元　日農機株式会社
本社／〒080-0341 北海道河東郡音更町字音更西2線17番地
TEL(0155)45-4555(代)　FAX(0155)45-4556

- 十勝支店　(0155)45-4555(代)
- 美幌営業所　(0152)73-5171(代)
- 小清水営業所　(0152)62-3704(代)
- 倶知安営業所　(0136)22-4435(代)
- 美瑛営業所　(0166)92-2411(代)
- 三川営業所　(0123)87-3550(代)

ニチノーグループウェブサイト　http://www.nchngp.co.jp

資料請求、販売(価格・在庫等)に関することは、総販売元 日農機株式会社、または、担当セールス、最寄りの営業所までお問い合わせ下さい。

～農と食と人と地域をつなげる農村体験交流の推進～

体験観光を通して農業・農村の魅力を発信するお手伝いをします。

アグリテックは地域資源を活用しグリーンツーリズムの持つ可能性を事業化した体験観光を通した交流人口増加による地域活性化のお手伝いをする企画会社です。都市と農村の交流活動を通して住んでて良かった、訪れて良かったマチづくりをサポートします！

農家のみなさま

農業体験の受け入れを始めてみませんか？修学旅行での農業体験・農家民泊の受け入れや、農家ならではの体験プログラムの企画、観光農園等の企画運営等、体験活動を通した食や農の大切さ農業・農村の魅力を発信するお手伝いをします。

自治体・関係団体のみなさま

地域資源を活用した体験観光プログラムの企画をはじめ、農業体験等の受け入れ体制整備や協議会等の設立支援、また農家向けの受け入れ講習会や勉強会、地域プロモーション活動など「観光まちづくり」のお手伝いをします。

■お問い合せ
有限会社 アグリテック　〒071-1464 北海道上川郡東川町進化台　TEL:0166-82-0800　FAX:0166-82-3040
E-Mail:info@agtec.co.jp　WEB:http://www.agtec.co.jp